モンベル　7つの決断

アウトドアビジネスの舞台裏

辰野 勇

ヤマケイ新書

モンベル7つの決断　●目次

はじめに　――集中力・持続力・判断力、そして「決断力」――　9

第1章　28歳、資金ゼロからの起業――第1の決断

原点　16　／日本初のロッククライミングスクールを設立　20

商社での経験が足がかりに　25　／資本金はゼロ　28

「家業」ではなく、「企業」として　31　／最初の商品は、スーパーの買い物袋　35

デュポンの新素材でスリーピングバッグを開発　38

第2章　小さな世界戦略――第2の決断

創業3年目で海外市場へ　44

ヨーロッパ最大の登山専門店への飛び込みセールス　46

南半球で学んだこと　50　／モンベルアメリカ設立と特許侵害裁判　53

REIとの取引解消とボルダー直営店　59
グローバルマーケット挑戦による効用　62

第3章　パタゴニアとの決別——第3の決断

下請けではなく、自分たちのための仕事を　68　／オリジナルカタログの制作　70
モンベルオリジナルの素材開発　72　／イヴォン・シュイナード氏との出会い　75
売り上げの4分の1を失っても……　79

第4章　直営店出店と価格リストラ——第4・第5の決断

直営店の出店　84　／定価を下げる価格リストラ　88
日本初のアウトレットショップ　92

第5章　モンベルクラブ会員制度の発足——第6の決断

通信販売と同時にモンベルクラブを始動　98
会報誌『ＯＵＴＷＡＲＤ』　100
フレンドショップ・フレンドエリアでの優待　103
モンベル・アウトドア・チャレンジ（M.O.C.）への参加　105
会員限定のイベントへの参加　106
商品購入時のポイント付与と社会貢献参加　112
地域貢献、地方自治体との連携　114

第6章　アウトドア義援隊——第7の決断

１９９５年、阪神・淡路大震災　120　／２０１１年、東日本大震災　125
「浮くっしょん」の開発　134　／復興住宅「手のひらに太陽の家」　139
社会活動への原動力　145

第7章　山岳雑誌「岳人」発刊——第8の決断

「岳人」の出版事業を継承　152／表紙には畦地梅太郎さんの版画　154
新生「岳人」がめざす先　157／編集スタッフの募集　160
新生「岳人」出版事業の採算　163

第8章　モンベルの経営流儀——決断を支える哲学

創業者の企業経営は「アルパインスタイル」　168／社員の能力が経営者の能力　171
日本型経営の美徳　175／モンベルへの信任を計るバロメーター　178

おわりに——人はなぜ冒険するのだろう——　181

構成　谷山宏典
装丁　尾崎行欧デザイン事務所
本文レイアウト　渡邊　怜

はじめに――集中力・持続力・判断力、そして「決断力」

以前、ある私立学校の理事長が面白い話をしてくれた。その学校は地域でも有名な進学校で、いわゆる名門大学に多くの卒業生を送りこんでいる。そんな勉強のできる生徒には、必ず共通点があるという。それは「集中力と持続力と判断力」だという。受験勉強という過酷な環境の中でそれらの力が身についたのか、もともとそれらの力があったから勉強ができたのかはわからないが、勉強のできる生徒には、必ずその3つの力が備わっているというのだ。

その話を聞いて、私は「なるほど」と納得した。厚かましい話だが、今の自分にはそれらの力がほどほど備わっていると自負している。しかし、学生時代の私は、お世辞にも勉強ができたとはいえない。むしろ落ちこぼれで、卒業も危ぶまれたほどである。

理事長曰く、「それらの力は人間が生きていくうえでもっとも大切な『生きる力』であり、実はその力を身につける方法は無限にある。勉強もそのひとつにすぎない。スポーツやほかの趣味でも、仕事でも、その道を真剣に求めれば、それらの力は身につくものだ」というのである。私の場合は、どうやら登山という過酷な体験の中からそれらの力、すなわち「集中力・持続力・判断力」を身につけたに違いない。

その後、この話を私が最も信頼する顧問弁護士にすると、彼はこう言った。

「そうですね。しかし、もっと大切な力があると思います」

「それは何ですか?」と尋ねると、彼は即座に「決断力です」と言い切った。

なるほど、集中力と持続力と判断力を持って勉強や仕事に取り組んだとしても、決断しなければ意味がない。登山中に「雨が降れば危険な状態になる可能性がある」と判断できても、「登り続けるのか、下りるのか」という決断を下して行動に移さなければ、状況は変わらない。

登山ではまさに、そんな決断を瞬時に行なわなければ、命にかかわる。

私は過去に多くの仲間を山で失った。ある仲間は、抱きかかえる私の腕の中で大きく目を見開いたまま死んでいった。岩場から転落して内臓が破裂して、「痛い! 痛い!」と苦しみながら、やがて静かに息を引き取っていった仲間もいた。別の仲間は、雪面を横断中に足元の雪が崩れて数百メートル下の谷底に雪崩とともに姿を消した。春の雪解けを迎えたころ、彼はようやく雪渓の中からその冷たい姿を現した。みんな若かった。ふとした気の緩みや決断が生と死を分けた。

だから登山家は、用心深く、怖がりでなければならない。目もくらむ岩山に挑む彼らは、一見、向こう見ずに思われがちだが、実は細心の注意を払って準備をしている。天気のいい日にもザックに雨具をしのばせて、日帰りの山行でもヘッドランプは必ず持っていく。「雨が降ったらどうしよう」「風が吹いたらどうしよう」などといつも先々を心配している。

だから「決断」が早い。ビジネスの世界では、これを「リスクマネージメント」と呼ぶ。私は、きっと登山という行為を通じて、そんな力を身につけてきたに違いない。

10年ほど前、キャリア研究の第一人者で、経営人材研究所の代表も務める神戸大学経営学部の金井壽宏先生と、日本経済新聞の企画で対談する機会があった。

話題が「決断力」の話になったとき、先生からこう尋ねられた。

「辰野さんがこれまで下したビジネスの決断にはどんなものがありますか？」

私は考えた。すると、これまで下してきた決断のシーンが、意識の中に鮮明に浮かびあがってきた。

「会社を起こして30年（２００６年当時）。この間に7回ありますね」

答えた私自身も驚いたが、これまで自分が下した決断をはっきり数えることができたのだ。

社長業にかぎらず、組織のリーダーは日ごろ数かぎりない決めごと、すなわち「決裁」が求められる。その場その場で「判断」して、「ＹＥＳ、またはＮＯ」の答えを出していく。しかし、これは自分の中で「決断」とは数えていない。決裁とはたとえて言えば、囲碁や将棋でいう「定石」で駒を進めるようなことだ。過去の知識や経験から状況を判断して、より確実に成果が出せる答えを選んで決裁する。

それに対して、私にとって「決断」の定義とは、「将来を見据えて、あえて困難な道を選ぶこと」だと、問われて初めて気づかされた。

現状を踏まえて確実な結果が得られる道を選択することは当然として、ときにはあえて常識的な軌道を超えて、一歩を踏み出す勇気が求められる。それによって見えてくる新たな世界や可能性に向かって歩き出す。それが私にとっての「決断」である。

思い返せば、これまでにそんな「決断」が7回あった。もしそれらの決断がなければ、今のモンベルが存在していないことはたしかである。

1975年の創業以来、数多くの人に支えられて、モンベルは今や日本を代表するアウトドア用品メーカーに成長することができた。

本書は、これまでモンベルを応援してくださった方々に、われわれが歩んできた「軌跡」の一端をご披露し、今後一層のご理解とご鞭撻をいただくためにまとめたものである。同時に、会社が岐路に立たされたとき、私が何を決断し、どう行動をしたかを、モンベルをともに支えてくれた社員たちに伝えたいという思いもある。この先、私がバトンを託す彼らが、何らかの決断を下さなければならない岐路に立ったとき、本書を読み返し、その道標になれば幸いである。

第1章

28歳、資金ゼロからの起業——第1の決断

■原 点

モンベルに関する最初の「決断」は、少年時代に「28歳で独立して事業を起こそう」と考えたことから始まる。

私にとって「仕事」とは、「自分で事業を起こし、自分の力で切り拓いていくもの」と迷いなく考えていた。具体的に何をするかが明確になるまでには多少の時間をかけたが、自分で事業を起こすことは、極めて自然な選択だった。

私のこうした仕事に対する考えは、両親の影響が大きかったように思う。

1947年に、私は大阪府堺市に8人兄弟の末っ子として生まれた。

家は寿司屋を営み、物心ついたころから両親が働く姿を間近で見ることができた。小学生になると、店が忙しいときには、幼い私も手伝った。親から「手伝いなさい」といわれたわけではなかったが、両親の大変そうな様子を見れば、子供心に「僕も手伝わなければ」と感じていた。

決して経済的に余裕があったわけでもないし、自営業ゆえに夏休みや正月休みにも家族で遊びに行くこともできなかったが、不自由と思ったことはなかった。むしろ、末っ子ゆえに、忙しい中でも両親は可愛がってくれたし、兄弟もよく面倒を見てくれた。恵まれた少年時代を過ごしたと親には感謝している。

こうした家庭環境に育った原体験から、自分も将来はやりたい仕事を自ら起こして、自営で仕事をやるものだと考えるようになっていた。会社勤めのサラリーマンとして働くイメージは想像できなかった。

また、小さいころの私は身体が弱くて、友達と外で走り回って遊ぶこともあまりなかった。幼稚園にも麻疹《はしか》にかかった後、行かなくなってしまった。そんな私は、家の中で将棋の駒を並べて戦争ごっこをしたり、包装紙の裏に鉛筆で空想の島の地図を書いて冒険ごっこをして遊ぶことが好きな子供だった。

物のない時代、遊び道具も自分で作って遊んだ。当時流行っていたフラフープが買ってもらえなくて、店にあったホースを切って、その両端の穴に使った割り箸をつっこんで輪にして、自作のフラフープを作って遊んだり、五寸釘をハンマーで叩きつぶして、手製の手裏剣を作ったりもした。

遊び道具が豊富になかった時代、子供たちが自分たちで遊び道具を工夫して作ることは当たり前のことだった。

今振り返れば、こうした子供時代の経験を通じて育まれた知恵と想像力が、のちの登山や仕事の原動力となったに違いない。

忙しく働く両親の後ろ姿を見ながら、仕事への考え方が明確になったのは、高校1年生、16歳の秋だった。

国語の授業で、教科書に書かれたハインリッヒ・ハラーのアイガー北壁登攀記『白い蜘蛛』の一節に出会ったことが、その後の人生を決定づけることになった。

この本に感銘を受けた私はアイガー北壁の日本人初登攀をめざして、本格的にクライミングを始める一方で、学校を卒業したら山に関わる仕事に就き、28歳になったら独立して自分で事業を始めようと決心した。

なぜ28歳だったのか、具体的なアテや計画があったわけではない。ただ漠然と、22、23歳では経験が足りないし、信用もない。かといって30歳を過ぎてしまえば、リタイアするまでに思いを為すには持ち時間が短くなってしまう。綿密な計画はなくとも、「28歳になったら山に関わる仕事で独立する」と心に決め、アイガー北壁初登攀と同様に、将来の目標として定めたのだ。

25歳のとき。剱岳をバックに中谷三次（左）と

大阪府山岳連盟主催の冬山講習会の講師を務める（後列左端筆者）

■日本初のロッククライミングスクールを設立

山に関わる仕事として、はじめから山道具メーカーを考えていたわけではなかった。むしろ、モンベルに辿りつくまでには、多少の紆余曲折があった。

最初、私の頭にあった山の仕事は「山岳ガイド」だった。

高校3年生のとき、友人とふたりで冬の西穂高岳を登った帰りに、西穂山荘のオーナー（当時）であり、上高地登山案内人組合の長でもあった村上守さんを松本に訪ねたのも、高校卒業後に山小屋で働きながら山岳ガイドの仕事がしたいと直談判するためだった。しかし、村上さんとは会えず、村上さんの奥様と話をする中で、案内人の仕事はそんなに甘いものじゃないから諦めるようにと説得されてしまった。そこで私は潔く山岳ガイドは諦めて、知人の紹介で、名古屋市のスポーツ用品店に住み込みで働くことになった。

その店は、登山専門ではなく、野球用品を中心とした一般スポーツ用の用具を取り扱っていた。住み込みの販売員だった私は早朝から夜遅くまで忙しく働き、週に一度の休日には鈴鹿の御在所岳に岩登りに出かけて、登攀技術の研鑽にひとり励んでいた。

仕事自体に不満はなかったが、結果として、そのスポーツ用品店はわずか1年足らずで離れることになる。

ある日社長から「岩登りは危険だから止めなさい」と言い渡された。アイガー北壁日本人初登攀をめざしてこの仕事を選んだ私にとって、その命令は受け入れられるものではなかった。そんな矢先に、父親が亡くなった。これを理由に会社を辞めて、私は大阪に帰ることにしたのだ。

大阪では、高校時代の山好きの恩師の紹介で、すぐに登山用品専門店の白馬堂に勤めることができた。店内には所狭しと登山用具が並べられ、来店するお客さんと交わす山の会話が楽しかった。

六甲山にてクライミング

私にとっては理想的な職場であり、接客を楽しみながら販売成績も上がった。その働きぶりが認められて、3年もすると本店の店長をまかされるまでになった。

また、このころ（1969年）に4カ月の休暇をもらって、念願のアイガー北壁を登ることができた。日本人初登攀という目標は叶わなかったが、21歳だった私は当時の世界最年少登攀記録を達成することになった。

帰国すると、「岩登りを教える教室ができないだろうか」と考えて、白馬堂の社長に相談したところ、白馬堂主催の登山学校をやることが決まった。講師には、私のアイガー北壁登攀パートナー中谷三次と、アイガー北壁の日本人初登攀を果たした高田光政氏に、私を加えた3人。これが日本で最初のロッククライミングスクールとなった。

私がクライミングスクール開校に思いが至ったのは、当時すでに体系化されていたヨーロッパの登山学校の存在を知ったことが大きく影響している。

そのころ日本で登山技術を本格的に学ぼうと思ったら、大学の山岳部や社会人山岳会に入るか、私のように独学で学ぶしか方法はなかった。しかし岩登りは一人で練習するにはリスクが高いし、限界もある。かたや大学山岳部や社会人山岳会では、組織としての不自由さがあり、必ずしも理想的な環境とはいえなかった。たとえば、大学山岳部は学年ごとの上下関係が厳しく、一部ではしご

アイガー北壁ヒンターシュトイサー・トラバースをリードする著者

きという体罰問題もあった。社会人山岳会も、後輩会員を育てるために先輩会員は時間をとられて、結局自分のクライミングを追求できないという矛盾があった。

そんな日本の登山界のあり方に疑問を抱いていた私は、ヨーロッパで登山学校の存在を知って、衝撃を受けた。

登山学校では、受講者はお金を払って、登山の技術や知識を体系的に学ぶことができる。講師にとっても、教えることを生業として、収入を得ることができる。登山学校こそ、自分のやりたかった理想の仕事ではないかと考えた。子供のころの空想遊びのように、大学ノートに登山学校のイメージを描いてみた。校舎の建物の規模やレイアウトなどを落とし込んで、座学のための教室や、飲み物を飲んで、本が読めるサロンを作って、卒業生も利用できる資料室や談話室も作ろう……などと想像を具体的にビジュアル化（見える化）していった。

白馬堂でのロッククライミングスクールは、その試金石になるものだった。

日本人でアイガー北壁を登った3人が講師を務めることでも話題となって、日本ではまったく新しい試みであったにもかかわらず、第一期生として12人の生徒が集まった。室内講習から六甲の岩場での実技トレーニング、そして本番の北アルプスの岩場へとステップアップしていくカリキュラムを組んで、3人の講師が手分けして講習を実施した。生徒たちが徐々に成長する姿にたしかな手ごたえを感じることができたし、人に教えることで講師であるわれわれも新たな発見や学びがあり、クライマーとしての成長につなげることができたように思う。実践でロッククライミングスクールを運営することで登山学校への興味はますます高まり、「28歳になったら独立して、自分で登山学校をはじめよう」と本気で考えるようになっていた。

23歳のときに結婚して、家族もできたし、登山学校という新たな目標もできた。しかし、その矢先、仕事上の意見の食い違いから会社の先輩と喧嘩をして、突然店をやめることになってしまった。それが、なんと新婚旅行から帰って3日目の出来事。新婚早々、私は失業者になってしまったのだ。

■商社での経験が足がかりに

白馬堂を辞めてひと月ぐらいの間は毎日、新聞を開いて求職欄で仕事を探すという日々を送っていた。そんなあるとき、お世話になったお礼を言うために、関西学院大学山岳部のOBで、白馬堂の常連客でもあった麻植《おえ》正弘さんを訪ねたところ、「仕事がないのなら、うちの会社に来ないか」と誘っていただいた。このときすでに、いくつかの会社の面接を受けて内定をいただいていた会社もあったが、私はこの誘いを受けることにした。中堅の総合商社の繊維部の仕事だった。

まわりは有名大学を卒業した優秀な社員ばかりで、高卒は私だけ。しかも、登山用品店の経験しかない私は、商社のなんたるかもわかっていなかった。はじめは「こんな職場でやっていけるのか」と心配もしたが、意外に商社の仕事は水が合った。それは商社という業種が、一見大きな組織ではあっても、実際行なわれているビジネスは個人商店の集まりのようなもので、一人一人の社員が自分で自分の仕事を見つけて、それぞれの裁量で仕事を進めていくことができたからだ。

私が在籍していた繊維部産業資材課は、素材や生地をメーカーから仕入れて、それを二次メーカーに納めるのが主な業務だった。また、繊維メーカーと共同で新しい素材を開発したり、織物業者とこれまでにない新しい織り方の生地を研究したりすることもあった。社員の多くは、先輩から引き継いだ仕事を着実に継続して売り上げを作っていたが、私はどうにも人の仕事をそのまま引き継いでやるということが苦手で上手くやれなかった。むしろ新しい企画を考えて、飛び込みで営業するスタイルが面白かった。そうした新規事業は、既存事業に比べて売り上げ高は少ないものの、社内ではそれなりに目立った存在で、ときには社長賞をもらうこともあった。

取引先は、カバン、袋物、履物などさまざまな業界に広がっていたが、無論私はアウトドア分野の取引や商品開発に力を入れていた。一般市場に出回っていない高機能素材を探し出してはスポーツ用品メーカーに売り込んだ。

まさに、この総合商社の繊維部での経験が、モンベル設立へつながる重要な足がかりになった。まず何より、モノづくりの最も川上の素材の特性から商品ができるまでのプロセスに関われたことがよかった。すでに白馬堂で小売店の経験は積んでいたし、クライマーとしてユーザーの求めるニーズもわかる。つまり、商品企画から製造、販売、そしてその商品を使うところまで、一連のプロセスを理解することができたわけだ。また、商品とお金のやりとりを実践する中で、いかに利益を生み出すかという、ビジネスの基本を学ぶこともできた。

さまざまな高機能素材――防弾チョッキに使われている高強力繊維ケブラーや、消防服に使われている難燃繊維ノーメックスなどのアラミッド繊維――と出会い、それらを開発した米国デュポン社とのつながりができたことも幸いだった。

当時の山の道具は、今と比べて、かさばるし、重いし、防水性や耐久性にも劣っていた。しかし、最先端の高機能素材を使えば、テントはより軽量で快適なものになるだろうし、ウェアももっと軽くて暖かく、コンパクトなものが作れるはずだと考えた。

しかし、商社の人間としてメーカーに売り込んでいるかぎりは、決定権を持つ相手の企画担当者の判断に左右される。どれだけ頑張って新素材を開発しても、メーカーが使ってくれなければ、商品にはならない。

そんなもどかしさを感じるうちに、「自分でものづくりをするしかない」という考えが具体化していった。

28歳の誕生日が間近に迫った１９７５年5月。私は、商社に私を誘ってくれた恩人の麻植さんと二人で、石川県白山の西方、加越国境稜線に山スキーツーリングに出かけた。その旅の途上で、私は初めて、「会社を辞めさせてください」と彼に私の思いを告げた。すると彼は何も聞かずに「そうか」とうなずいてくれた。

同年7月31日、28歳の誕生日と同時に会社を退職した。その翌日、大阪西区立売堀に借りた雑居ビルの一室に自分のオフィスを構えた。わずか7坪の空間には、机と電話が置かれているだけ。たった一人の、これがモンベルの船出だった。

■資本金はゼロ

会社の設立資本金は200万円と決めた。そして、その全額を母親から借りて、銀行の残高証明書を添えて法務局に会社設立登記をした。手続を完了した後、資本金の200万円は銀行から引き出して母親に返した。まさに正真正銘、資本金ゼロからのスタートだった。

本来、いくばくかの資金を準備してから会社を起こすのが一般常識だろうが、この時点で私には十分な貯えがなかった。むしろ28歳で起業するという時間軸のタイミングがより大切だと考えていた。お金は、知恵と努力で何とかなる。会社を起こしてから、時間をかけて利益を蓄積すればいい。しかし、タイミングや時間は、それを補う手段がないと考えたのだ。「あのとき、資金がなかったから起業しなかった」などと言い訳をいっても取り返しがつかない。

さらに、「いくら資金を用意したら十分か」という答えは、おそらくない。たとえ答えとなる金額をイメージしたとしても、そのお金の準備ができるまで起業をしないというのなら、よほど裕福な家庭に生まれるか、理解あるスポンサーと出会わないかぎり、28歳という年齢で起業するのは不可能だ。定年まで会社を勤め上げて、ようやく支給された退職金を元手に会社を起こしたいというのなら、それはそれでいいとも思う。しかし当然のことながら、残された人生の持ち時間には制約がある。

私は、一刻も早く起業して、登山という事業活動を通じて自分の思いを実現したいと考えていた。若ければ若いほど、早ければ早いほど、その後の持ち時間は長くなる。

また、たとえ1千万円の退職金を持って会社を始めたとしても、そのほとんどは事務所やOA機器、自動車などの会社設立準備であっという間に使い果たしてしまうに違いない。そんなかぎりある「お金」に比べて、「知恵」には無限の可能性があると私は考えている。詳しくはあとから述べるが、資本金ゼロでも誠心誠意をもって事にあたれば、必ず道は開ける。事実、モンベルは創業1年目から黒字決算を達成して、一時的な資金不足はあったものの、常在的な借入に頼ることなく資金をやりくりしてきた。極めて慎重かつコンサバティブな会社経営を実践してきたと実感する。

会社設立当初から資本金投資ゼロというのは、言い換えれば「失うものがない」ともいえる。これは、決して開き直りではなく、「ゼロ以下」にならない努力を重ねることで、「プラス」の要因しか残らないということだ。その先には健全な会社経営の軌道が続く。

講演会で、たまにこんな質問を受けることがある。

「退職金を元手にビジネスを始めたいが、何か助言いただくことはありますか？」

そんな質問に対しての答えは難しい。下手をしたら、その人の人生まで左右することになりかねないからだ。私は、慎重に答える。

「退職金はあてにせず、お金はないものと考えたほうがいいと思います」

しかし、心の中では、「やめておいたほうがいい。せっかくの退職金を使い果たすことになるから」と心配していることが多い。

自ら事業を起こし、その事業を軌道に乗せるためには、自分がそれまで培ってきた知識と経験を駆使して、「考える」ことが不可欠である。

繰り返しになるが、人間の「知恵」には無限の可能性がある。「考える」とは、「想像する」こと。想像して見えてきた将来のイメージを実現するためにさらに考える。これこそ人間の「知恵」ではあるまいか。

私は幼少時代から青年時代の早期の原体験を通じて、そのような「想像力」や「知恵」を培うことができたように思う。

モノがない不自由な時代に育った私は、遊び道具は自分で考え、作るのが当たり前だった。本格的にクライミングを始めるときには、荷造りロープを使ってクライミングハーネスを自作し、登り方や確保のための技術を自己流で学んだ。求めるものが手に入らなければ、試行錯誤して、自らの手で作り出す。そうした経験が、仕事をするうえで役に立ったことは間違いない。

資本金を持たずに歩きはじめたモンベルは、知恵と努力でその不足を補ってきた。与えられた条件、与えられた力で、一つ一つ目の前の課題に取り組むことこそ、唯一のソリューションだと信じていた。

■「家業」ではなく、「企業」として

会社を起こして1カ月後には、2人の山仲間が社員として加わった。

ひとりは、真崎文明。現在、モンベルの社長を務めてくれている。彼は、私が白馬堂時代に立ち上げたロッククライミングスクールの第一期生で、出会ったころはまだ高校生だった。クライミングスクールを修了したあとは、私が活動していた社会人山岳会「大阪あなほり会」のメンバーとなり、数々の岩場で登攀をともにした。1975年の夏、ヨーロッパアルプスでグランド・ジョラス北壁やグラン・シャルモ北壁日本人初登攀などを成し遂げて帰国したあと、勤めていた会社を辞め、

私の誘いに応じてモンベルに合流してくれた。

もうひとりは、同じく「大阪あなほり会」の仲間だった増尾幸子である。彼女は経理事務の経験があったので、産声を上げたばかりのモンベルにとって大きな戦力となった。

創業にあたって私は、モンベルの将来像について考えていた。それは、会社を「家業」にするか、「企業」にするかの選択である。

それまでは、自営業として寿司屋を営んできた父親と同じ、「家業」をイメージしていた。母も私たち子供たちも、家族ぐるみで仕事を手伝っていた。店には若い職人も働いていた。しかし、かぎられた商圏での商売では、年齢とともに毎年上げなければならない職人たちの給料をまかないきれず、いつしか彼らは店を辞めていった。さもなければ、「のれん分け」という名のもとに、商圏が重ならない他所に店を出させて独立させた。そうすることで、父親の店は経営規模を拡大することなく、家族ともども商売を続けていくことができる。これが「家業」すなわちファミリービジネスだと私は理解していた。

しかし、私はできることなら、真崎や増尾、さらにこれから加わるであろう仲間たちと離別することなく、一緒に仕事をし続けたいと考えていた。

そのためには、組織として常に社員の平均年齢を低く保って会社の競争力をつけなければならないことに気づいた。そうしなければ、会社は高齢化して、いつしか活力を失ってしまう。平均年齢を低く保つには、常に若い社員を迎え入れなければならない。それはすなわち、企業規模の拡大を意味する。同時に、若年層からベテランまでの多様な年齢構成によるさまざまな優位性も期待できる。キャリアを積んだ年長社員が知識と経験を生かし、若い社員が時代のニーズを読む感性と行動力を発揮することで、会社はバランスのとれた推進力を維持することができる。

「家業ではなく、組織として企業を起こす」

これが、私が思い至った結論だった。つまり、毎年社員を増やし続けるには、当然それに見合った売り上げを確保しなければならない。収益を上げるために人を増やすのではなく、企業を存続させるために人を増やし続け、結果として会社の規模を拡大せざるをえないという理屈である。私は、この先延々と続く右肩上がりの規模拡大経営を覚悟した。

とはいえ、規模を大きくするといっても、「いつ、どこまで」大きくすればいいのだろうか。これが私の次なる疑問だった。未来永劫にわたって規模を拡大し続けることは、物理的にもありえない話である。そしてまた、それはわれわれが望むところでもない。そこで私は、ひとつの数字をイメージした。それは「少なくとも『30年間』は、規模を拡大し続ける必要がある」ということだった。「30年」という期間は、20代で入社した社員が50代となり、会社の世代循環のサイクルがひとまわりするひとつの目安と考えた。

それでは30年後、一体どのぐらいの売り上げ規模の会社になりうる「可能性」があるかと考えた。一般衣料や食料品などの誰もが日常的に消費する商材なら、何千億円規模のポテンシャルがある。しかし、われわれは「山に関わる仕事」がしたいのであって、登山やアウトドア以外の商材を扱うつもりはなかった。そこで着目したのが、当時の日本の登山用品市場の規模だった。業界内では一説には500億円程度と言われていた。そのおよそ2割、すなわち100億円ぐらいの「可能性」はあると私は考えた。

厚かましい話である。まったく売り上げのない、生まれたばかりの会社が、30年後には「年商100億円の可能性」をイメージしたのだから。しかしこれは、あくまで「可能性」であって、その数字をめざしたわけではない。

企業が存続し続けることは、必ずしもビジネスのフィールドで「勝ち続けること」を意味しない。足元を見て、自分たちがやるべきこと、やらなければならないことを、ただ粛々と実践する。その先に企業の存続もあるのだ。

■最初の商品は、スーパーの買い物袋

登山用具メーカーとしてスタートしたモンベルだったが、最初の年は登山用具の注文を思うように取ることができなかった。そのため、われわれが最初に取り組んだメインビジネスは、登山とは無縁のスーパーマーケットのショッピングバッグだった。

きっかけは、商社時代の元同僚からの一本の電話だった。聞けば、彼も会社を辞めていて、彼の義兄が運営する商品企画会社に入社したという。その企画会社に、大手スーパーマーケットに商品を納める日用品メーカーからショッピングバッグの市場調査の依頼が入った。しかし彼には繊維製品に関する知識がなかったため、繊維に詳しい私に「手伝ってほしい」と話を持ちかけてきたのだった。登山用具の仕事も少なかった私は、彼の依頼を引き受けることにした。まずは、あちこちの百貨店や小売店に出かけて、ショッピングバッグのサイズや素材、価格をリサーチした。その集めたデータを一冊のファイルにまとめて発注元のメーカーに提出したところ、スーパーマーケットで取り扱ってもらえることになって、提案した企画が商品化されることになった。

ショッピングバッグの商品デザインは友人の企画会社が担当して、われわれはその製造を受け持つことになった。生地の仕入れや縫製工場は、商社時代のネットワークで協力を取り付けることが

できた。しかし、資本を持たなかったわれわれは、依頼主の日用品メーカーに生地の仕入れなどに必要な資金を負担してもらうことになった。

まず企画会社がデザインを決め、その企画書をもとにモンベルが繊維メーカーに発注をして生地を仕入れる。その後、生地をそのまま日用品メーカーに販売して、受け取った手形を仕入れ先に支払う。そのとき、日用品メーカーと話し合いのうえで、手数料として5パーセント程度のマージンをいただいた。売掛金の集金日と買掛金の支払い日の間に5日間のタイムラグを作ることで、モンベルは受け取った手形を右から左に渡すだけで、自らの資金は一切不要となる。そして、日用品メーカーにいったん買ってもらった生地をそのままモンベルが預かり、それを縫製工場に持ち込んで、デザイン通りのショッピングバッグを製造してもらう。このとき、1個あたりの加工費の10パーセント程度をモンベルの手数料としていただくことにした。たとえば、縫製工場の加工費が1個当たり500円だったとしたら、そこに50円をのせて、550円の請求を日用品メーカーにした。これでショッピングバッグの製造は完了となる。一方、日用品メーカーは、モンベルへの手数料を含んだ生地の代金とバッグの加工費を製造原価として、そこに自社の利益をのせた金額で大手スーパーに納品する。

これがショッピングバッグ製作プロジェクトの一連の流れだった。こうして動き出したショッピ

創業5年目、モンベルのオールスタッフ

1985年ごろ、自宅の近くにモンベル堺倉庫を構えた。ロゴは当時のもの

ングバッグの製造は、時代のニーズをつかむことができたのだろうか、予想を上回る売れ行きを見せた。モンベルの初年度の売り上げ1億6000万円の大部分は、このショッピングバッグの製造によるものだった。

■デュポンの新素材でスリーピングバッグを開発

創業1年目の売り上げのほとんどはショッピングバッグの製造だったが、一方で、われわれがめざしていた登山用具の企画開発にも力を注いでいた。

最初に手掛けたのは、スリーピングバッグ（寝袋）だった。奈良県桜井市の布団工場で作ってもらった寝袋のサンプルを持って売りに回ったが、無名のモンベルの商品を取り扱ってくれる問屋や小売店は少なかった。飛び込みで営業した神戸の登山用品専門店から注文をもらった200個の寝袋を、自家用乗用車の運転席以外のすべての座席に詰め込んで、アンパンをかじりながら納品したのは、今となっては懐かしい思い出だ。

寝袋のほかにも、ザックやスパッツなども作っていたが、従来品との差別化が難しかった。そんな中、ある素材との出会いが、大きな転機となった。

デュポンの「ダクロン・ホロフィルⅡ」である。出会いのきっかけを作ってくれたのは、商社時代の恩人の麻植さんだった。

麻植さんは、私が会社を立ち上げたその日から、毎日のように電話をしてくれ、「元気にやっているか」「調子はどうだ」と気遣ってくれた。

そんなあるとき、「面白い素材があるぞ」と教えてくれた。それはデュポンが新しく開発したダクロン・ホロフィルⅡだった。ダクロン・ホロフィルⅡは中空のポリエステル繊維で、手触りがしなやかでコンパクトにもなり、保温性も高い。寝袋の中綿としては画期的な新素材だった。麻植さんは私に「これで寝袋を作ってみたらどうだ？」と薦めてくれた。

私はデュポンに連絡して、「日本ではまだ紹介されていないダクロン・ホロフィルⅡを、ぜひうちで扱わせてほしい」と頼み込んだ。ダイレクトにコンタクトできたのは、商社時代にデュポンの担当者と面識があったおかげだった。早速、ダクロン・ホロフィルⅡの原綿をアメリカから取り寄せて、桜井市の布団工場で試行錯誤の開発がはじまった。

固まっている原綿のかたまりをほぐしてふわふわにする打綿という作業がある。ダクロン・ホロフィルⅡは従来の綿とは特性がまったく異なるために、綿を打とうとしてもスルスルと滑って、思うようにほぐすことができなかった。私自身、何度も工場に足を運び、現場の技術者と一緒に「どうすれば上手くできるだろう?」と朝から夜遅くまで試行を繰り返した。そして、ようやく打ち上がった中綿は、従来、市場にある合繊綿のように樹脂加工をせずに、そのまま生綿を寝袋の袋生地に入れて、ステッチを入れていった。これは中綿の嵩高性を最大限に生かすための手法で、和布団を作る技術をそのまま応用した。

こうして完成した寝袋は、軽量・コンパクトで、しかも暖かく、肌触りもよいものとなった。

その当時、既存の化繊綿を使った寝袋は、重くてかさばるという欠点があった。一方で、軽くてコンパクトなダウンの寝袋も、雨などで濡れてしまうと嵩高性を失って、保温機能がなくなってしまうデメリットがあった。この両者の欠点を改善した理想の寝袋が、まさにダクロン・ホロフィルⅡの寝袋だったのだ。

この寝袋が市場に登場すると、「こんな寝袋がほしかった」と多くの登山者から歓迎された。ダクロン・スリーピングバッグは、モンベルの登山用品の最初のヒット商品となった。

次に商品化したのが、同じくデュポンが開発した合成ゴム「ハイパロン」をコーティング材としたレインウェアだった。優れた防水性と耐久性を併せ持ったハイパロンレインウェアは、高温多雨な日本の山を登る登山者たちから圧倒的な支持を集めることができた。

さらに、デュポンの乾式アクリル素材「オーロン」を国内で初めて起毛ニットで編み上げて、今

オーロンフリース

ハイパロンレインウェア

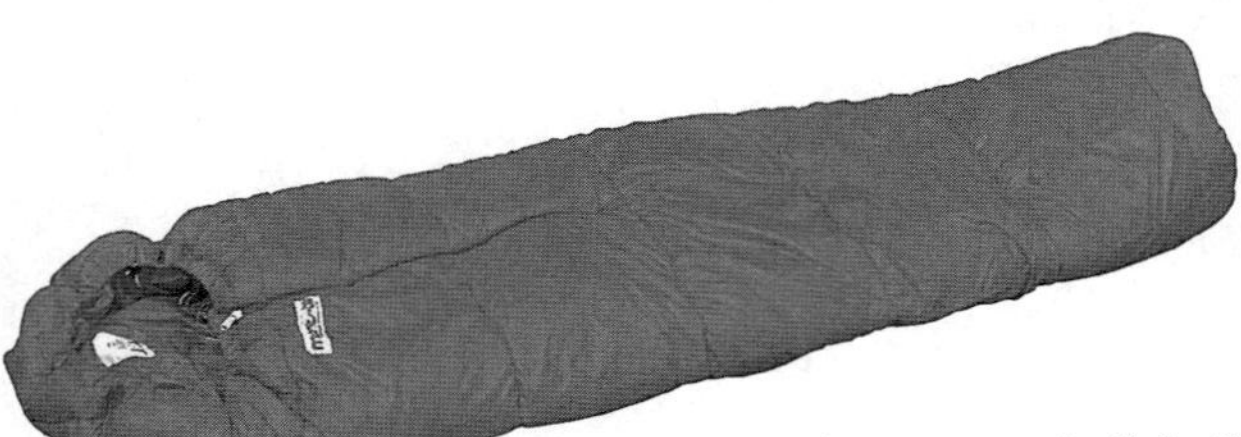

ダクロンスリーピングバッグ

や一般化したポリエステル・フリースの先駆けとなる「オーロンフリース」を開発した。寝袋でヒットしたダクロン・ホロフィルⅡを使用して、ダウンジャケットの代用となる中綿防寒ジャケットも作った。ほかにも、高強度ケブラー繊維を使用した超軽量クライミングヘルメットや難燃性素材ノーメックス製のグローブなど、デュポンの最先端高機能素材とわれわれの登山体験を生かした商品開発を次々と進めていった。

このようにしてデュポンの高機能素材を使用することで、モンベルは日本の登山用品業界において独自性を確立することができた。さらに幸運だったのは、デュポンのユニークな素材を、日本市場においてモンベルが独占して取り扱うことができたことだ。デュポンにとっても、これは異例の出来事だった。世界最大規模のコングロマリット（複合企業）が、創業間もない社員数名のベンチャー企業であるモンベルに市場の独占権を与えてくれたのだ。それを可能にしたのは、当時のデュポンの担当者が私たちのものづくりに対する熱意を理解し、われわれのチャレンジをあたたかく応援してくれたおかげだった。

デュポンの素材使用に対するモンベルの独占権は、10年の長きにわたって継続させてもらうことができた。この寛大な対応には、私は今も感謝している。そのおかげで競合他社の進出を阻止でき、「リードタイム」がとれたことは、市場の優位性を保つうえで大きく役立った。

第2章

小さな世界戦略――第2の決断

■創業3年目で海外市場へ

創業3年目の1977年、私はダッフルバッグいっぱいに詰め込んだ商品サンプルを持って、西ドイツに向かった。モンベル商品をヨーロッパ市場に売り込むためだ。

当時、日本国内の市場ですら、まったく開拓できていなかったモンベルだったが、私が海外への輸出を試みたいと考えたのには理由があった。

創業したとき、「30年後、年商100億円の市場の可能性」をイメージしたことはすでに述べた。しかし、「本当に日本の登山用品市場にそれだけのポテンシャルがあるだろうか」「もしそのポテンシャルがなければ、年商100億円の売り上げを確保できないかもしれない……」と、そんな取り越し苦労な心配をしていた。

山屋というのは、ときに命がけの挑戦を行なうくせに、臆病で用心深い生き物でもある。「天候が急変して、猛吹雪に襲われたらどうしよう?」「怪我をして下りてこられなくなったら?」などと、最悪の状況に陥ったときのことを想像して対策を講じる。だから、日帰りの登山でも必ずヘッドランプを持参するし、晴れた日でも雨具はザックに入れて持ち歩く。

「リスクマネージメント」は、身体にしみついた山屋の行動基準なのだ。無論、経営においても同様である。

30年後をイメージして企業規模を拡大したものの、日本の登山市場が考えていたほどのポテンシャルがなかったとき、すなわち「年商100億円の実現が不可能となったとき」の対策を用意しておこうと考えたのだ。

ビジネス規模（売り上げ）を拡大する方法は、大きく分けて2つある。ひとつは、登山という単一の商材にこだわらず、ジャンルを拡大すること。野球やサッカー、テニスなどスポーツ全般まで広げれば、市場は拡大する。そうすれば、登山市場が縮小しても、売り上げは確保できる。しかし私は、そもそも山に関連したビジネスに取り組みたいと考えて起業したわけで、売り上げを上げる目的だけで、登山以外のジャンルにビジネスを拡大するのは本意ではない。

もうひとつの方法は、販売地域を拡大することだ。登山用品（アウトドア）というかぎられた商材で、国内市場に限界があれば、海外にその販路を求めればいい。仮に日本で50億しか売れなければ、アジアで10億、ヨーロッパで20億、アメリカで20億売ればいい。この発想を、私は「小さな世界戦略」と呼んだ。すなわち、得意な分野に特化して市場規模を拡大するという考えだ。

創業3年目、国内でのビジネス基盤も固まっておらず、社員数5名と貿易業務に携わる人材も十分ではなかったこの時期に仕掛ける海外進出は、誰が考えても時期尚早といわざるを得ない。しかし、将来必ずそのステージが来ることを予感していた私は、「今、その準備を始めなければならない」と確信して行動を起こした。これが私にとって「第2の決断」だったと回想する。

登山用具に求められる品質や機能は、日本も欧米も変わりはない。モンベルの登山用具は、クライマーでもある私たち自身が必要とする機能を追求して作っている。必ず海外の登山者たちにも受け入れてもらえるに違いない。そう確信していた。

■ヨーロッパ最大の登山専門店への飛び込みセールス

海外進出の第一歩目の売り込み先として西ドイツを選んだのは、アルピニズム（近代登山思想）を生んだヨーロッパの市場で認められたいと考えたからだ。折しも、ケルンで国際的なスポーツ用品の展示会「SPOGA（スポーガ）」が開催されていた。そこに行けばヨーロッパでの商売の糸口がつかめるのではないかという思いもあった。ヨーロッパ市場の予備知識などない。何のアテもなく、とにかくぶつかってみようという意気込みだった。

しかし、SPOGAでは何の成果も得られなかった。そもそも展示会の出展者は、品物を売る側の立場であって、いうなれば私と同じメーカーばかりである。そこに売り込もうとするのは筋違いだった。かといって、さすがに会場の一角に商品サンプルを広げて、来場しているバイヤーに売り込むほどの勇気はなかった。結局、持参した商品を一度もバッグから出すことなく、会場をあとにすることになった。

私は、その足でミュンヘンに行くことにした。ヨーロッパ最大の老舗登山用品専門店「スポーツ・シュースター」に売り込むつもりだった。スポーツ・シュースターは、私が1969年にアイガー北壁に登ったとき、登攀具を買いそろえた店でもある。事前のアポイントがあったわけではな

スポーツ・シュースターの店舗

ドイツ出張中、営業の合間を見つけて、町を散策して回った

い。いわゆる飛び込みのセールスだった。

店に入って、近くにいた店員に私は片言のドイツ語でこう切り出した。

「Ich komme aus Japan . Ich möchte Schlafsäcke verkaufen.（イッヒ　コム　アウス　ヤーパン。イッヒ　メヒテ　シャフェンザッハ　フェアカーフェン／私は日本から来ました。私は寝袋を販売したい）」

つたないドイツ語だったが、こちらの意図は伝わったようで、その店員は「仕入れの責任者が6階にいるから、そこに行きなさい」と教えてくれた。

私は言われたとおりに6階に向かい、部屋のドアをノックした。このときばかりは、緊張と不安でいっぱいだった。恐る恐る部屋に入ると、初老の紳士が机に向かってひとり座っていた。精悍な眼。私のことを訝しむ空気が伝わってきた。

「日本から来ました。私の作った寝袋を見てください」

持参した寝袋のサンプルをテーブルに広げて、たどたどしいドイツ語でこう切り出した。

「私はクライマーで、１９６９年にアイガー北壁に登りました」

すると突然、彼の表情が和らいだ。

「そうか、アイガー北壁を登ったのか」

そう言って、私がテーブルの上に広げた商品サンプルを手に取ってくれた。商品をチェックしながら、彼は自分の話もしてくれた。名前はケレンスペーガーさんといい、かの伝説の登山家、ヘルマン・ブールとともに、かつてヒマラヤのナンガ・パルバット登山隊に参加したという。

彼は商品をひとつひとつ丁寧に見てくれた。私も片言のドイツ語で懸命に商品の説明をした。同じクライマーとして、「アイガー北壁を登った」という私の実績が、いわば肩書として尊重され、彼が胸襟を開いてくれたことがうれしかった。

商談を終えて、宿に戻った私は、不思議な達成感に包まれていた。

その場で注文をもらえたわけではない。しかし、ケレンスペーガーさんは商品を詳細に見てくれて、「検討をする」と約束してくれた。本場ヨーロッパの登山用品店で、クライマーとして、さらに登山用品を製造するビジネスマンとして、受け入れてもらえた手ごたえがあった。私にとってはそれで十分だった。もはや注文があろうがなかろうが、それはどうでもよかった。

帰国して4カ月ほど過ぎた12月24日、1通の郵便がモンベルに届いた。送り主はスポーツ・シュースター。中には注文書が入っていた。私は心の中で「やった!」と叫び、飛び上がりたいほどうれしかった。

注文書に書かれていたのは、寝袋100個のほか、オーバーミトンと防寒衣料などが少々。数は決して多いわけではなかったが、私はそれで満足だった。登山の本場ヨーロッパの登山用品店、しかも歴史あるスポーツ・シュースターに、モンベルの商品が並ぶ。その様子を想像するだけで、幸せな思いに浸ることができた。

■南半球で学んだこと

スポーツ・シュースターとの取引によって、モンベルの海外輸出が始まった。そして、その後も海外でのビジネスにおける試行錯誤は続いた。

1982年冬、暖冬の影響で冬物の衣料品が大量に売れ残ってしまった。会社の資金繰りを考えれば、これらの商品を翌年の冬まで持ち越すのではなく、大型量販店に安く引き取ってもらうのが定石だったが、それには問題があった。品物を安く仕入れた量販店は、大幅に値引きして売ることになる。割引して販売することそれ自体は問題ではない。むしろ消費者にとっては、品物を安く買えるのだから喜ばしいことかもしれない。

しかし、シーズン中に定価で買った人と割引価格で買う人との間に不公平が生ずる。それはメーカーが定めた定価に対する消費者の信頼を裏切ることになる。当時はまだ、売れ残った商品を「定番」から外して、値引き販売するという「アウトレット」という概念がなかった。

過剰に売れ残った在庫は処分したい。しかし、ダンピングはされたくない。どうしようかと、私は思い悩んでいた。

仕事に疲れたとき、私は家に帰って世界地図を眺めることがある。忙しさに追われて、山や旅に出かけられない代わりに、地図を眺めて空想の旅に浸るのだ。そんなある日、地図のページをめくるとオセアニアが目の中に飛び込んできた。

「そうか！　南半球では、これから冬が始まる。そして私は気づいた。オーストラリアやニュージーランドで冬物が売れるかもしれない！」

すぐに航空券を手配して、商品サンプルをカバンに詰め込んでニュージーランドへ飛んだ。

それまで私は、一度もニュージーランドに行ったことがなかった。それゆえ、飛行機の機内誌に書かれていた記事を見て愕然とした。ニュージーランドでは羊が７０００万頭も飼育されているのに、人口はわずか３１５万人（当時）。羊の数のほうが圧倒的に多いのだ。

「大阪より人口の少ないこの国で果たして商売が成り立つのか……」

こんな基本的な情報すら持たずに、無邪気な思いつきだけで、私は飛び出してきたのだ。

不安な思いで空港に着いた私は、ホテルに入って、すぐさま電話帳を広げて、登山用品店に片っ端から電話した。

「私は日本から来た登山用品メーカーです。商品を見ていただけませんか？」

すると、この申し出にどの店の主人も快く応じてくれた。

私は早速、レンタカーでアポイントを取った店を訪れた。1時間ぐらいかけて商品説明をすると、どの店でも「素晴らしい！」と、商品を絶賛してくれたのだが、注文には結びつかなかった。

「この商品は素晴らしい。しかし、うちの店には輸入割当枠（クォータ）がない。だから、輸入ができないんだよ」

店の主人は気の毒そうにこう言った。

聞けば、当時ニュージーランドでは、繊維製品の「輸入割当枠」を持っていなければ登山ウェアなどを輸入することができなかった。さらに、仮に割当枠を手に入れて輸入ができたとしても、商品の種類によっては90パーセントもの関税がかかってしまう。多額の関税がかかる輸入衣料品は当然売価も高額になるため、市場での競争力はない。つまり、繊維製品の輸入はほぼ不可能だといっても過言ではなかった。自国製品の保護政策がとられていたのだ。そんなことさえ調べずにチャレンジを試みた自分がまるでドンキホーテに思えた。

それでも、彼らは親切に、別の専門店を紹介してくれたが、どの店も同じ理由で商談は成立しなかった。

失意のままニュージーランドをあとにして、オーストラリアに移動したが、輸入条件の厳しさはオーストラリアも同じだった。ほとんどすべての店で断られたが、最後に飛び込んだアウトドア・チェーン店「パディ・パディン」で、わずかな注文をもらうことができた。

結局、売れ残った冬物の衣料品は、翌年まで持ち越すことになったが、私はこの成果に満足した。ニュージーランドやオーストラリアの輸入規制について、自ら足を運び、自分の目でたしかめることができたからだ。もし事前に知っていたら出かけていなかったかもしれないが、あのとき行動を起こしていなければ、きっと後悔していたに違いない。やってみて、それでもダメなら諦める。そのほうが潔いし、精神衛生にもいい。どうやらこれが、選択を迫られたときの私の判断基準のようだ。

この年のニュージーランド、オーストラリアへの飛び込み営業は、一歩踏み出して実行することの大切さを教えられた旅となった。

■モンベルアメリカ設立と特許侵害裁判

１９８４年、西ドイツのミュンヘンで開催された世界最大のスポーツフェア「ＩＳＰＯ」に正式出展して、モンベルの商品は大いに評価された。以後、少量ではあったが、欧米の登山用品店に輸出するようになった。

取引先が世界各国へ広がっていく中で、海外ビジネスの難しさを実感させられる出来事にたびたび遭遇することになった。とりわけアメリカでのビジネスには、紆余曲折があった。

当初は、「パタゴニア」を通じて行なっていた（パタゴニアとのビジネスの詳細は第3章を参照）が、その後、サーフィン用のウェットスーツを製造する「オニール」の社長（当時）を務めていたK氏から、モンベル商品をアメリカで取り扱いたいとの申し出を受けた。それまで私が実践してきたモンベルのビジネス手法とは異なる、アメリカ型のビジネス戦略が新鮮だった。セールスレップと呼ばれる独立した営業マンが全米にテリトリーを決めて、販売促進する。あの広大なマーケットをカバーするにはこの方法が有効だという。私は、経営上の金銭リスクを取らないライセンス契約を締結することにした。

K氏はオニールを辞めて、自らの出資で1989年に「モンベルアメリカ」を設立した。まさにベンチャービジネスである。彼は、モンベルの商品力を見込んで自らのリスクでモンベルアメリカを起業したのだ。

日本からも社員を派遣して協力体制を整えた。私はこの機会にモンベル社員にもアメリカの市場を身をもって体験してもらいたかった。これが先々の人材育成の一助になればいいとも考えていた

ISPO 会場のモンベルブースで商品の説明をする

ISPO 会場のモンベルブース。モンベルのロゴは当時のもの

からだ。セールスレップによる小売店卸しを始めて、私自身もレップと同行して全米の販売店を回った。多い年は年間12回、一回のアメリカ出張は2週間程度だったので、一年の半分をアメリカで過ごした年もあった。大抵、店がオープンする直前の1時間程度、店員に集合してもらって、モンベルの創業者として、ものづくりに対する思いを説明する。「ライト＆ファスト」「ファンクション・イズ・ビューティ」、もちろん私の登山経歴「アイガー北壁」の話も熱くした。

アメリカ人は、ビジネスをするにも、やはりその商品のバックグラウンドともいうべき、創業者個人の思いを重視する。その意味で、私の全米行脚はおおいに喜ばれた。

だが、輸入関税の問題など、われわれのビジネスを取り巻くハードルは高かった。それなりに善戦したものの、数年後K氏が経営するモンベルアメリカは赤字が続き、資金が回らなくなった。私は、K氏をさらにサポートすべく、モンベル本社がモンベルアメリカの資本金の51パーセントを買い取って、１９９２年経営を引き継ぐことにした。資金を投下したものの、引き続き、モンベルアメリカの会社経営は苦戦した。成果が出せないまま6年間頑張ったが、「そろそろいったん、潮時か」と撤退を考えていた。

そんなある日、アメリカ最大級のファッション通販ブランド「ランズエンド」から、モンベル商品を扱いたいとの申し出が入った。まさに渡りに舟のタイミングだった。累積した赤字を一気に解消することができる契約金で、1997年、同社とのライセンス契約を締結した。ところが、結局この提携も思うような成果を出すことができず、翌年契約を解消。さらに続いて、アウトドアメーカー「ザ・ノース・フェイス」の元社長ハップ・クラップ氏からモンベルのライセンス契約の申し出を受けて締結したが、彼らのマーケティング手法に納得できなかった私は、契約を解消することになった。

ビジネスパートナーが二転三転し、しかも結果を出せない状況が続く中、ついに私は、アメリカからの一時撤退を決めた。

しかし、この撤退が新たな事態を引き起こすことになる。アメリカのアウトドアメーカー「マウンテンハードウェア」によるモンベル商品に対する特許侵害とそれに伴う裁判である。彼らは、モンベルアメリカの撤退に伴って、市場からモンベル商品が消えたタイミングで、私たちが開発して特許を持つ寝袋のストレッチシステムを盗用した。モンベルが所有する特許を使用した寝袋をアメリカ国内で販売し出したのだ。そのことを知ったわれわれは、すぐに警告状を出したが、彼らはそれに対してまったく応じようとしなかった。

「このまま見過ごすわけにはいかない」と致し方なく、私は裁判所に特許侵害に対する審判請求を提出することを決断した。

1997年、サンフランシスコの連邦地方裁判所に訴状を提出して審理が始まると、私は3週間以上の長きにわたって裁判所に出廷して、証言台に立つことになった。

結果は、われわれの特許が認められ、彼らの特許侵害が確定して勝訴した。マウンテンハードウェアはモンベルに対して多額のペナルティを支払うことになった。

だが唯一、彼らがわれわれの特許の存在を知りながらやったという点に関しては認められず、「偶然、特許を侵害してしまった」という結論に落ち着いた。彼らが、モンベルの寝袋のストレッチシステムの存在を知らなかったとは考えられなかった。アメリカ人弁護士は上告すれば必ず勝てるとさらなる裁判を勧めたが、日本人顧問弁理士は「われわれの主張は認められたので、これで手を打ちましょう」とアドバイスしてくれた。

もし故意であったことを証明すれば、ペナルティの金額も数倍になる。そうなれば相手は倒産してしまうかもしれない。極めて日本的だが、私は狭い業界でこれ以上の遺恨を残さない決着を選択した。相手の会社を潰すつもりはなかったし、すでに多額の裁判費用をかけていたので、もう十分という気持ちもあった。

ちなみに、この裁判に要した弁護費用は1億円以上に上ったが、回収できた相手側のペナルティは、わずか1200万円だった。金銭的には、もちろん割に合わない裁判だったが、アメリカのアウトドアマーケットにおけるモンベルの地位を確立するためには、この訴訟はやはり断行しなければならなかった「決断」だった。

■REIとの取引解消とボルダー直営店

この特許侵害裁判を通じて、訴訟大国といわれるアメリカの一面を垣間見ることができた。そして、判決が下された直後にも、まさにアメリカらしい出来事が起こった。モンベルの勝訴が決まったその夜、私の泊まっていたホテルにアウトドアメーカー「シエラデザイン」の社長が訪ねてきた。

「辰野さん、あの特許をうちで使わせてほしい。もちろんロイヤリティはちゃんと支払う」

この提案を聞いたとき、私は「アメリカという国は、なんて面白い国だろう」と実感した。モンベルの特許が認められた途端、その特許を使った商品を作りたいと、彼らは特許の使用許諾を申し込んできたのだ。そのスピード感はさすがだと感心した。

われわれの特許を認め、正式な依頼をしてくれたことに感謝して、シエラデザインの申し入れを受諾した。

われわれはその後、彼らから支払われたロイヤリティで、先述の膨大な裁判費用を数年で回収することができた。また、この特許侵害裁判は、業界に対して「モンベルはいざとなれば、訴訟を起こすことも辞さない」という評判になり、以降、権利侵害やコピー商品の大きな抑止力となった。

その後、しばらくの間、モンベルはアメリカ市場から姿を消していた。

そして2001年、全米最大のアウトドア・チェーン店「REI」との業務提携契約を締結することになる。

提携のきっかけは、日本に進出していた「REI東京フラッグシップストア」(町田市／2000年出店)がわずか1年半で撤退することになり、その施設をモンベルが引き継いだことから始まった。REIは、ショッピングモールとの契約期間満了以前の退店によって、多額のペナルティが課せられていた。われわれは施設とともにペナルティの義務も引き受け、REIが無償で撤退できるようにした。その代わりの条件として、アメリカのREI各店でモンベル商品を取り扱ってもらう約束をした。この契約を私はあえて書面にせず日本的な口約束とした。

当初、その約束は果たされるかに思えたが、結果として、全米のREIフラッグショップでのモンベル商品の取り扱いはしてもらえず、取引を解消することになった。

REIの流通ネットワークを手放すことは、アメリカにおける卸ビジネスの大半を諦めることを意味していた。しかし、われわれは、それを前提としたアメリカ市場への参入を決意しなければならない段階にきていた。およそ15年間、製造・卸という「B to B（Business to Business：企業間の商取引）」の伝統的な手法でアメリカ市場にチャレンジし続けたが、思うような結果は出せなかった。

「規模は小さくても、自分たちの力だけでやっていこう」

自分たちの手で現地法人を立ち上げ、この国でも直営店を通じて消費者に直接販売する「B to C（Business to Consumer：企業と消費者間の商取引）」の手法でアメリカ市場に再挑戦することにした。「B to C」のビジネスモデルは、すでに日本でその成果が実証されていた。無論、不安もあったが勝算はなくはない（直営店については第4章参照）。

あとは、広大なアメリカのどこに第一歩を踏み出すかだ。市場規模を考えれば、ニューヨークやサンフランシスコなどの大都市が考えられる。しかし、私が第一号店に選んだのは、アウトドアブランド・モンベルのイメージにふさわしいコロラド州のボルダーだった。

この街はロッキー山脈の麓に位置し、豊かな自然に囲まれ、アウトドアのメッカでもある。まさにモンベルアメリカが第一歩を踏み出すのにはうってつけの環境だと考えた。

２００２年６月、アメリカ法人「Montbell America, Inc.」を設立。同年11月には、ボルダーの目抜き通りの一角に、「Montbell Boulder Store」をオープンさせた。その後、小さな規模ではあるが、ローカルブランド「モンベル」として地域に受け入れられてきた。

さらに時を経て、２０１３年にはようやく第2号店を、アメリカ北西部の自然豊かなオレゴン州ポートランドにオープンした。アメリカでの新たなビジネスは、いまだ始まったばかりなのだ。

■グローバルマーケット挑戦による効用

１９７７年に輸出を始めた初期は、貿易実務の経験もなく、まさに試行錯誤の連続だった。商品には運賃や関税が付加されるので販売価格が割高になる。当然、市場での価格競争力においては不利になる。こういった経済的なハードルだけではなく、われわれが越えなければならない問題は多岐に及んでいた。

世界各国、それぞれのマーケットには、個々の異なる事情があって、われわれはその条件を理解して営業活動を行なわなければならなかった。

アメリカでは、ＲＥＩのような大型小売店による市場の寡占化が進み、圧倒的なマーケットシェアが握られている。ヨーロッパでも各国それぞれ、一部の企業組織が供給窓口を一手に握っていて、

モンベルアメリカの第1号店はコロラド州ボルダーのパール通りに建つ

そのチャンネルで扱ってもらえなければマーケットには流通させられない。まずは、その国、その地域の商習慣を理解したうえで戦略を立てることが重要だった。

商品に求められる品質や性能には自信があった。しかし、サイズの違いは、クリアしなければならない大きな問題だった。特にアメリカやヨーロッパの人たちは日本人に比べて体格が大きいため、ただ単に日本サイズをひとサイズずらして、たとえば日本のMサイズをアメリカのSサイズと表記するだけでは対応できない。腕の長さや着丈など、根本的なサイズバランスが異なるので、グレーディング（型紙）を一から作らなければならない。カラーもまた、西欧人が好む色といっても、アメリカ人とヨーロッパ人では違う。さらに、ドイツ人とフランス人でも好む色彩は異なる。まして、韓国や台湾などアジア人が好む色もそれぞれ微妙に異なる。

さらに、欧米のアウトドアマーケットでは、各国のナショナリズムが強いことを経験的に感じていた。つまり、アメリカでは「Made in USA」の商品を、イギリスでは「Made in UK」の商品を支持する傾向があるように感じるのだが、これは私の思い込みだろうか。その傾向はフランスでも、ドイツでも、オーストラリアでも、程度の大小はあっても同じように思える。モンベルが国境を越えたひとつのグローバルブランドとして、各国のユーザーに受け入れられることをめざすのは、大いなるチャレンジであることは間違いない。

しかし、このようなさまざまな課題に向き合いながら、海外市場に挑戦してきた経験が、今日のモンベルにとって大きな糧になっていることも紛れもない事実だ。

はじめての輸出先となったスポーツ・シュースターのケレンスペーガー氏からは、商品作りに関する貴重なアドバイスを数多くもらった。おかげで、私たちがそれまであまり手をつけてこなかった登山用衣料のパターン作りを、基本からやり直して改善できた。また、海外のヘビーユーザーから過酷な条件下での耐久性能に対する厳しい要求が突きつけられるたびに、私たちはその要求に応えるべく、商品を改良していった。

その一方で、私たちが作り上げたものが、海外マーケットで受け入れられたときの喜びは大きかった。そしてまた、大きな自信ともなった。

優れた商品を生み出すには、高いニーズを持つユーザーの厳しい目が不可欠だと私は考える。そんなビジネス環境が、メーカーを育て、よりよい商品を生み出す力になる。

グローバルマーケットへの挑戦は、国内だけでは経験できない多様な刺激を与えてくれると同時に、日本市場におけるモンベル商品のたゆまぬ改善と、グローバル企業としてモンベルブランドの総合力の強化を促す大きな要因となっている。

第3章

パタゴニアとの決別〈モンベルブランドの確立へ〉

——第3の決断

■下請けではなく、自分たちのための仕事を

自社の「ブランド」をいかに育て、広めていくか——どんな企業にとってもブランディングは重要な課題である。

モンベルブランド構築への意識は、創業時までさかのぼる。

スーパーマーケットのショッピングバッグ作り（第1章参照）で仕事をつないでいた創業1年目には、ほかにも大手スポーツ用品メーカーのアウトドア部門の商品開発も手伝っていた。しかし、下請け仕事では、われわれがデザイン企画から製造まで努力して作り上げた商品も、当然ながらモンベルの名前は一切表記されない。

あるとき、納入した商品が店頭ではよく売れているようだったが、なかなか追加注文がもらえなかった。いつまでたっても、納入先の仕入れ担当者から連絡が来ない。そのうちに、まったく同じ品型の商品だが、明らかにわれわれが作ったものではない商品が店頭に並ぶようになった。不審に思った私は、メーカーの担当者に連絡した。すると、彼は悪びれることなくこう言った。

「君のところはコストがかかりすぎるから、もう少し安く作ってくれる工場に頼むことにした」

私は、当然抗議した。

「われわれの考えた企画を、断りもなくほかの工場に作らせるのはおかしいでしょう」

しかし、その抗議は聞き入れられなかった。所詮、下請けの立場の弱さである。納得はできなかったが、引き下がるしかなかった。

「辰野社長、これ以上の悪いことは起こりませんから大丈夫ですよ」

創業以来、経理事務を担当してくれていた増尾幸子が、落ち込んで帰社した私を励ましてくれた。このひと言で私の気持ちは少し軽くなった。もともとゼロからはじめた会社である。失うものはない。あるのは、これから一つ一つ積み上げていく実績だけなのだ。一つがダメなら、次にまた頑張ればいい。終わった過去を悔やむのではなく、未来を見据えて一歩ずつ、足元を見て歩き続けることだと、私は気を取り直した。

と同時に心に誓ったのは、「金輪際、下請け仕事はしない」ということだった。

下請け仕事をしているかぎり、何事においても自分たちには決定権がない。突然、契約を打ち切られても文句もいえない。どれほど素晴らしい商品を開発しても、消費者にわれわれの存在を知ってもらうこともできない。たしかに下請け仕事は、金銭的なリスクもなく、目先の売り上げを作ることはできるが、将来の保証などまったくない。

「今日の１０００万円の売り上げよりも、明日につながる１００万円の仕事を作ろう」

この出来事以降、この考えが私の仕事を選ぶ判断基準となった。そして、「モンベルブランド」を確立することこそ、われわれが進むべき道であることを確信した。

■オリジナルカタログの制作

デュポンの高機能素材との出会いをきっかけに、モンベルが次々と斬新な登山用具を開発していったことは、第1章で述べた。それら最先端の機能素材や、細部に込められた私たちのこだわりは、結果として、モンベルというブランドの価値を位置づけるキーワードとなった。しかし、それらの機能は、決して派手に目立った外観上の特徴があるわけでもなく、一見すれば、従来の衣料や用具と同じような商品が多い。それゆえ、われわれが一つ一つその機能や特徴をユーザーに説明しなければ理解してもらえなかったし、ただ店頭に並べているだけでは商品を手に取ってもらうことができなかった。

しかし、メーカーであるわれわれが直接ユーザーに接触することは、当時の流通形態の中では不可能だった。唯一、許されたのは雑誌広告を利用した広報活動だったが、かぎられた高価な誌面の中で表現できることには、おのずと限界があった。そこで、今のようにインターネットがなかった時代、自分たちが伝えたい情報やメッセージをユーザーに伝える方法として考え出したのが商品カタログ誌だった。

１９８０年、最初の商品カタログを発刊した。

今では、商品カタログなど各社で当たり前のように製作をしている。さらに、インターネットの到来とともに紙媒体は廃止して、デジタルのみでの情報提供に切り替えた企業も少なくない。

しかし当時、少なくとも私の知るかぎりにおいて、日本の登山用具メーカーで冊子になった本格的なカタログを作っているメーカーは皆無に等しかった。つまり、モンベルの商品カタログは、日本の登山用具カタログの先駆的存在だったと自負している。内容は、創業5年目で資金の余裕もなかったので、４色刷りではなく、２色で立体感を演出した。無論、モデルや撮影もすべて自分たちで行なった。

お金がかけられなかった分、さまざまな工夫をした。たとえば、テントを透視したイラストをエアブラシで処理して、少しでも商品がわかりやすく見えるようにした。また、デュポンのダクロン、ハイパロン、オーロンなどの高機能素材については、ロゴマークを作って、視覚的に製品の特性を印象付けた。さらに、商品説明だけではなく、私の言葉でわれわれの思いをメッセージにして書いた。モンベルロゴに「SINCE 1975」を加えたのは創業時からで、歴史のない会社がこのようなフレーズをロゴに入れるのはおこがましい気もしたが、私は50年先、１００年先のモンベルを思い描いていた。

■モンベルオリジナルの素材開発

デュポンのダクロンやハイパロンなどを採用した寝袋や衣料品は、従来の日本の登山用具にはなかったさまざまな機能を備えていたために大ヒット商品となり、モンベルの経営を支える強力な屋台骨となってくれた。デュポンの高機能素材は、モンベルブランドを構成する重要な要素となっていた。われわれは、あえて素材名をその商品の名称に使用していた。すなわち、「ダクロンスリーピングバッグ」とか、「ハイパロンレインウェア」である。それは「世界のデュポン」のネームバリューに便乗したプロモーションだったと認めざるを得ない。

「ユーザーは、モンベルだから買うのではなく、デュポンのダクロンだから買ってくれるのだろう」

私は冷静に分析していた。それゆえ、デュポンの素材を使ったモンベル商品が売れることはもちろんうれしかったが、一方で売れれば売れるほどに、デュポンに頼ったプロモーションへの不安も高まっていった。

当時、ありがたいことにデュポンはモンベルに対して素材の独占使用権を認めてくれていたが、その権利は未来永劫保証されていたわけではなかった。

登山用具という非常に狭いジャンルでわずかな金額にとどまるビジネスだったから認められていたが、ビジネス規模が大きくなって、いろんな企業から「素材を使いたい」との要望が出てくれば、デュポンもビジネス拡大の可能性を考えるだろう。それはビジネスの世界では当然の判断である。

「将来、デュポンの素材を独占し続けることはできなくなるかもしれない」

私の頭には常にそんな心配があった。そうなる前に、独自の魅力ある素材を開発して、モンベルの優位性を確立しなければならない。デュポンというビッグネームに頼ることなく、「ダクロン」や「ハイパロン」としてではなく、「モンベル」のスリーピングバッグ、「モンベル」のレインウェアとして売れるようにしなければならないと考えていた。

新素材の開発ということを考えたとき、モンベルの本社が大阪にあったことは大きかった。大阪は、歴史的にも日本を代表する繊維ビジネスの中心地で、東レやユニチカ、旭化成など、世界最先端の開発力を誇る合成繊維メーカーが集積している。新素材を開発するうえで、これら大手合繊メーカーの協力が得られたことは幸いだった。

「コアスパン繊維」は、ポリエステルの芯糸のまわりをコットンで包み込んだハイブリッド糸で、繊維は強く、速乾性にも優れていた。クライミングパンツなど、摩擦強度が求められる製品に使用した。肌触りは綿の風合いで、洗濯してもすぐに乾くので重宝された。

ほかにも、合繊メーカーの技術者の協力を得て、多くのユニークな素材を開発して、商品化することができた。私自身も長靴を履いて、工場で新素材の試作に立ち会うこともあった。技術者と一緒に、織物にコーティングする樹脂の厚さを何度も試作したり、剝離強度をテストするなど、試行錯誤を繰り返した。そんな独自素材の開発作業は楽しかった。

その後続々と誕生する新素材の中には合繊メーカーからの提案も少なくなかった。それが、「ジオライン」アンダーウェアであり、「ウイックロン」Tシャツである。

これらの新素材が開発されるにつれて、デュポン1社に頼っていた商品構成から、徐々にモンベルの独自性――モンベルブランドが、明確に際立つようになっていった。

デュポンのダクロンやハイパロンは、創業初期のモンベルにとって極めて重要な素材だった。それゆえに、その存在に依存しすぎるリスクを考えて、自社ブランドの素材を自分たちの力で育てていく必要性を認識することができた。

モンベルが開発した素材は、未来永劫、私たちの財産として手元に残る。独自素材の開発は、モンベルのものづくりの大きな転換点となった。

こうしてモンベルブランドが徐々に確立されつつあったころ、本章タイトルにもあるパタゴニアとの出会いと別れに関する「決断」があった。

■イヴォン・シュイナード氏との出会い

1980年、それはドイツ・ミュンヘンの登山専門店スポーツ・シュースターの店舗拡張パーティの会場だった。

新装されたばかりの店内には世界中から大勢の関係者が集い、私も取引先の一人としてそのパーティに招かれていた。会場で唯一の日本人だった私は、当時はまだ欧米の業界人との面識もなかったので、ワイングラスを片手に手持ち無沙汰にたたずんでいた。すると一人の男性が近づいてきて話しかけてきた。イヴォン・シュイナード氏だった。彼は1960年代を代表するアメリカのクライマーで、エル・キャピタンのノース・アメリカン・ウォールの初登攀など、ヨセミテを中心に数々の困難な登攀を成し遂げていた。その一方で、自ら「シュイナード・イクイップメント」(現・ブラックダイヤモンド)やアパレルメーカー「パタゴニア」を立ち上げた起業家でもある。

国は違うが、共通点の多かった私たちは、クライミングや仕事のことについて話し合った。その会話を通じて、彼は私のものづくりに対する考え方に共感し、私は彼の人生哲学に共鳴した。そして、会話が日本におけるパタゴニアのビジネスに及んだとき、意外にも彼から「パタゴニアの日本でのビジネスは終了しているから、興味があったら引き受けてくれないか?」と誘われた。

当時パタゴニアは日本に上陸して販売されていたが、このとき日本の代理店との契約が終了していて、彼は次のパートナーを探しているところだった。あとで聞いた話によれば、私と会ったときにはすでに3社の日本企業から代理店契約をしたいという申し出を受けていたそうだ。

クライマーとして尊敬する彼が、初対面で、しかもわずか30分足らずの会話で私を信頼し、日本でのビジネスを任せたいといってくれたことは素直にうれしかった。そのころの私はモンベルブランドを育てることに精一杯で、他人のブランドを取り扱うことなど考えたこともなかった。しかし、シュイナード氏の人生観やものづくりに対する価値観に共感したため、彼の申し出を受けることにした。パタゴニアというビジネスに関心を抱いたというよりも、彼の人柄に魅かれたのがその理由だった。

「今度、日本に行くから、そのときにビジネスの話をしよう」

彼はそう言い残してその場を去った。その後1カ月ほどして、彼から「日本には行けなくなった

「パタゴニア」創業者イヴォン・シュイナード氏とライセンス契約を締結

から、君がアメリカに来てくれないか？」と連絡が入った。私にとっては初めてのアメリカだった。それまでの私には登山界の主流はヨーロッパという認識があり、アメリカに対する知識は何一つ持ち合わせていなかった。

「アメリカ……どんな国だろう」

好奇心が騒いだ。

彼の要請を受けて私はロサンゼルスに飛んだ。

空港に着くとシュイナード氏が迎えに来てくれていた。Ｔシャツ、短パン姿。商談の相手というより、クライマーとして友人を迎えるといった雰囲気で私を迎えてくれた。その対応に、私の緊張も解けた。

赤錆だらけのフォルクスワーゲンに乗り込み、彼の運転でサンタモニカの海岸を横目に、パタゴニアの本拠地ベンチュラへ向かった。砂だらけの後部座席に無造作に置かれたワインの空き瓶が、カーブのたびにゴロゴロと転がり回っていたのが印象的だった。

ベンチュラに着くやいなや、彼は「波乗りに行こう」と言いだし、彼の自宅の裏に広がる海岸でカヤックに乗り込んで海に出た。

「これがカリフォルニアか……」

私は一種のカルチャーショックを覚えた。

カヤックを漕ぐことには多少の自信があった私だが、海で漕ぐサーフカヤックは初めての体験だった。繰り返し寄せる穏やかな波頭が太陽に照らされて、きらきら輝いていた。私たちは存分にカヤックを楽しんだ後、パタゴニアのオフィスに移動して、ようやくビジネスの話が始まった。

テーブルにつくと、まずシュイナード氏が「これが新しいレインウェアの素材だよ」と一片の布を見せてくれた。私はその布を受け取ると、25セント硬貨をポケットから取り出して、意地悪にもそのコーティング面を擦ってみた。すると、わずか5回ぐらいで防水皮膜は剝がれてしまった。私は、持参していたモンベルのハイパロンレインスーツを机の上に広げて、同じように表面を擦ってみせた。10回、20回と何度擦ってもびくともしなかった。その強靭な防水素材には彼も感心した。

「この素材を、うちでも使わせてほしい」

こうしてモンベルとパタゴニアとの二人三脚のライセンスビジネスが動き出した。

■売り上げの４分の１を失っても……

１９８４年、パタゴニアとの本格的な取引が始まった。

モンベルはパタゴニアに対し、ハイパロンの雨具素材を供給し、彼らはその素材を「シールコート」と名付けて自社のレインウェアに使用した。これ以外にも、先にも述べた「コアスパン」などの機能素材を供給した。さらにデザイン面でも「アルパインカフ」や「ドロップシート」といった特殊な縫製仕様上のアイデアを提供して、パタゴニアの商品開発に協力した。

一方で、日本国内におけるパタゴニア商品の販売をモンベルが引き受けて、輸入販売事業も開始したが、カリフォルニアの乾いた気候をベースにデザインされたパタゴニア商品の日本での販売に当初は苦慮した。当時、モンベルの日本国内での主な販路はコアな登山用品専門店であり、そうした専門店では、濡れると乾きにくい綿素材のラグビージャージやショートパンツなどは取り扱ってもらえなかった。登山用衣料というより、日用衣料と見なされていたのだ。

しかし、アメリカのライフスタイル衣料として支持するユーザーが徐々に増え、パタゴニア商品の売り上げは拡大していった。中でも１９８５年に発売された「シンチラ」（両面起毛の生地。フリース）のジャケットは、たちまち日本のマーケットに受け入れられて大人気商品となった。

パタゴニア商品の売り上げは、取引を開始して3年後の1987年には、モンベルの総売り上げの4分の1を占めるまでになっていた。

こうした状況を前にして、私はパタゴニア商品が売れれば売れるほどに釈然としない葛藤を感じるようになっていた。私たちのめざしていたのは、「モンベル」というブランドを築き上げることだった。それゆえ、売り上げの4分の1を占めるに至ったパタゴニアのビジネスに空しさを感じていたのだ。

さらに、そうした心情論だけではなく、他社ブランドに依存することに対するリスクもあった。アメリカのビジネス界では、企業の売り買いなど日常茶飯事だ。パタゴニアの経営権がいつ何時、他人の手に移るかわかったものではない。日本におけるパタゴニアの売り上げが大きくなればなるほどに、そんな将来への不安も高まっていった。

1987年、私はパタゴニアとの契約解消を決断した。そこには一切の迷いはなかった。たとえ4分の1の売り上げを失うことになっても、「今、パタゴニアと決別しなければ、モンベルの未来は危うい」と確信していた。

パタゴニアの副社長（当時）クリス・マックデイビッド女史が商品開発の打ち合せのために来日して、長期の間、私の自宅に滞在して寝食をともにしていた。ある日、夕食を済ませた後、私は彼女にこう切り出した。

「クリス、パタゴニアの日本での販売は自分たちでやってくれないか？」

あまりに突然の申し出に、彼女は驚いた。しかし、私の思いを説明すると、理解してくれた。

「今のモンベルは、日本の商習慣に縛られて、直接ユーザーに品物を提供することは難しい。しかし、アメリカ企業のパタゴニアは、日本の商習慣にとらわれることなく、直営店を開設して直接ユーザーに商品を提供すべきだと私は思う」

これは率直な私の願望でもあった。

その後、私はパタゴニアの日本事務所の開設や日本人スタッフの面接まで手伝って、日本国内のビジネスのすべてを彼らに引き渡した。双方、何の遺恨もない、「さわやかな別れ」だった。

パタゴニアとの決別という「決断」によって失う金銭的なダメージを覚悟したが、その年のモンベルブランド単一の売り上げは、失ったパタゴニアの４分の１の売り上げをカバーするのみならず、前年よりも多くの売り上げを記録することになった。まさに「二兎を追うものは一兎をも得ず」のことわざを証明する結果となったのだ。

パタゴニアとのビジネスを通して、文化や習慣が異なるアメリカ社会を現場目線で垣間見ることができ、そして、われわれが成さねばならない使命を確認することができた。教えられた多くの事柄は、まさにプライスレスな貴重な体験となった。

「これからは、自分が生み育ててきたモンベルブランドに全力を注ごう」

改めて、私はそう決意した。

1980年に発行したモンベル初のカタログの表紙

第4章

直営店出店と価格リストラ——第4・第5の決断

■直営店の出店

登山用具メーカーであるモンベルは、創業以来、自社商品を問屋や小売店に販売するB to Bのビジネスを行なってきた。

しかし、マルチブランドを取り扱う大型小売店は、売れるもの（もしくは、売れそうなもの）しか取り扱ってくれない。当時、モンベルで製造していた商品点数は100種類にも及んでいたが、取引先に扱ってもらえたのはせいぜい数種類だった。店にはそれぞれの事情があって、商品を選別する。それはすなわち、ユーザーが選ぶ以前に、仕入れ担当者にその選別を委ねていることを意味していた。仕入れから外された商品は、店頭に並ぶことなく、ユーザーの目に触れる機会を失ってしまう。手塩にかけて作り上げた商品も、ユーザーの目に触れないかぎりは、その評価を得ることはできない。

たとえ1万人が必要としなくとも、100人のユーザーが真に必要とする品物を届けることができれば、これこそメーカー冥利に尽きる。それゆえ、一人でも多くのユーザーにすべての商品を直接手に取ってご覧いただける場所を作れないかとずっと考えていた。

すでにカタログの製作（第3章参照）や通信販売（第5章参照）を行なうことで、ユーザーにア

「ギャレ大阪」内のモンベル直営店（店舗面積拡大後の写真）

プローチする手段は作り上げつつあったが、90年代のはじめ、さらに一歩BtoCへのステップに踏み込むチャンスが訪れた。

あるとき、大阪駅構内に新しくできることになっていたショッピングモール「ギャレ大阪」の開店準備担当者からコンタクトがあった。このころ、市場でもようやく「アウトドアスポーツ」というビジネスジャンルが認知されつつあり、このモールは「自然」をテーマにした商業施設をめざしていた。そこで、モンベルがキャッチフレーズとして商標登録していた「Bring Comfort and Warmness to The Great Outdoors」の「The Great Outdoors」というフレーズをモールコンセプトに使用したいとの依頼だった。同時に、モンベル直営店の出店要請ももらった。

モールには、アメリカの自然科学系ショップ「ネイチャーカンパニー」など、すでにアウトドアに関連した有名店舗の出店が決定していた。もしわれわれが「The Great Outdoors」の商標を持っていなければ、弱小零細の登山用具メーカーだったモンベルに出店の話はなかったかもしれない。これまでも特許や商標など、いわゆる「知的所有権」の重要性を認識してきたが、このときはそんなわれわれの努力が希有な商業施設への出店チャンスという成果となって現れた。

モンベル直営1号店は、店舗面積わずか32坪の小さな店ではあったが、大阪駅構内というロケーションだけにテナント賃料は破格に高かった。通常賃料の3〜5倍、これが私の印象だった。小売業としての実績もなく、収益の確証もない。しかし、「このチャンスをつかまなければ」と、ただその一心で、私は一歩踏み出す覚悟を固めた。

ところが、あろうことか、モンベル店舗のすぐ隣には、大阪でのモンベル最大の取引先である「L社」が150坪の大型店舗を出店することが決まっていた。

メーカーであるモンベルの直営店とその商品を取り扱う大型小売店が隣に並び合うことなど、常識では考えられない「前代未聞」の話である。最悪の場合、これまで行なわれてきたL社との多額の取引もすべて失う覚悟をしなければならなかった。それでも私は出店することを決めた。この直営1号店出店への決意こそ、モンベル第4番目の「決断」である。

１９９１年、初の直営店がオープンした。大阪駅のど真ん中にモンベルの看板を掲げることで、「一人でも多くの人々にモンベルを認知してもらいたい」というわれわれの願いはかなえられることになった。

直営店の出店には、モンベルブランドの周知ということのほかに、もうひとつ目的があった。メーカーは商品の製造に専念して、販売を問屋や小売店に任せる「分業」が当時の業界の常識だった。製造、卸、小売の、いわゆる「三層流通構造」である。しかし、そうした旧来のビジネスモデルはいつか破綻するのではないかと、私は懸念していた。

そうした思いを抱くようになったきっかけは、アメリカでのビジネス経験によるものだった。パタゴニアとの業務提携というかたちでアメリカ市場に参入したのを皮切りに、現地法人モンベルアメリカの設立、度重なるビジネスパートナー交代劇や特許侵害裁判を体験した私が、アメリカマーケットで目の当たりにしたのは、大型小売店の台頭と市場の寡占化だった。

大型小売店のひとつ「ＲＥＩ」は、アメリカ全土に店舗展開してナショナルブランドを販売すると同時に、プライベートブランド（ＰＢ）商品を次々と開発していた。低価格で提供されるＰＢ商品は、ユーザーの支持を得て、その規模を拡大していた。

「いつか日本でも同じ事態が起こるのではないか」

私はそう予感していた。

メーカーは、問屋や小売店を通してユーザーに商品を提供するので、販売価格が高くなる。それに比べて、小売店は自社で作ったものを直接ユーザーに販売することができれば、前者の流通チャンネルを経由するのと比較して販売価格を3割程度は低く抑えることができる。仮に、アメリカの大型小売店がPB商品を引っ提げて日本に上陸してくれば、護送船団方式の三層流通構造では迎え撃つことはできない。そうした海外の大型小売店の上陸に対抗して、自分たちのブランドを守っていくには、旧態依然とした流通構造から脱却して、グローバルな競争力を身につけなければならない。そのひとつの手段として考えられるのが、直営店の出店だったのだ。

■定価を下げる価格リストラ

モンベルの直営店出店は、登山用品業界にそれなりのインパクトを与えたが、それはあくまで大阪というローカルエリアでの出来事に過ぎなかった。しかしその後、さらに大きな衝撃を与える決断を迫られることになる。第5の決断、「価格リストラ」である。

当時の日本の登山用品専門店では、メーカー希望小売価格（定価）の2割引から3割引が常識になっていた。しかし、モンベルの直営店では、メーカーであるがゆえに一切の値引きが許されていなかった。不正競争防止法という法律で「二重価格禁止」が定められていたからだ。

そのため、先に述べた大阪駅構内のモンベル直営店で定価で商品を買ったお客様が、隣のL社の店で同じ商品に3割引の値札が付けられているのを見て、返品に来られることが度々あった。メーカーの立場でいえば、直営店で売れても、他の店で売れても、自社の品物が売れることには変わりない。しかし問題は、店舗によって販売価格が異なることで、ユーザーに対する不公平が生じることだった。

当時、小売店の間では「他の店が2割引でやっているのなら、うちは3割引で客を取る」といった、値引き競争が日常的に行なわれていた。小売店は常に雑誌広告を見て、他店の表記する値引き率に恐々としながら自店の値引き額を決めていた。そのような値引き競争の先にあるのは薄利多売と顧客サービスの低下である。そうしたビジネススタイルでは健全な経営は困難だ。

登山用具のような専門知識に基づく商品説明を必要とする商品を取り扱うには、販売店における適正な利潤確保が望まれる。日本の登山用品小売業の経営者の多くは、私同様、「山好き」「アウトドア好き」という理由でこのビジネスに携わっている。そんな彼らは、自らの労働コストは度外視してでも事業運営を図る。それは好きだからできる我慢経営であり、欧米の店舗経営のようにメーカーから割り当てられた適正マージンを確保するという概念が希薄だった。

ユーザーのためにも、業界のためにも、有名無実の乱れた販売価格を是正しなければならない。私にはそんな危機感があった。

私は意を決して、国内のすべての販売先に対して「価格リストラ」の断行を宣言することにした。

価格リストラとは、小売店に納める卸価格はそのままに、メーカー希望小売価格（定価）を2割から3割一気に下げることをいう。これにより、これまで小売店の店頭で行なわれていた値引き価格が、ほぼ全国統一の定価となり、モンベルの直営店と他の小売店との販売価格のギャップもなくなる。つまり、ユーザーにとっての不公平や、小売販売店同士の値引き競争が解消されることになるのだ。

このような価格リストラは、古今東西どこにも前例のない試みだった。

そのため、これを実行する前に、まずは小売店の理解を得なければならないと考えた私は、全国の取引先の経営者に集まってもらって説明会を開いた。参加してもらえなかった取引先に対しては、直接お店を訪ねて、その意図を説明してまわった。

私が比喩として強調したのは「黒船の襲来」、つまり海外の大型小売店の脅威である。

プライベートブランド戦略を持つ海外の大型店（黒船）が上陸してきたら、これまで日本の業界を支えてきた護送船団方式のビジネスは崩壊する。それに対抗して、われわれが生き残っていくには、価格リストラしか道はない。私は、取引先の経営者にそう説いてまわった。

当然、小売店からの反発は予想された。見かけとはいえ、小売店に与えられていた利益率が圧迫されて、自分たちの裁量で販売価格を設定できなくなるからだ。私は、半分以上の取引先からモンベルとの取引停止を言い渡されることを覚悟していた。

それでも私は、「今、この価格リストラを断行しなければならない」と確信していた。

しかし結果は、95パーセント以上の取引先がとどまってくれることになった。それどころか、多くの専門店から歓迎の声が上がった。「価格リストラのおかげで、他店の値引きを気にすることなく、安心して定価商売ができる」と喜ばれたのだ。取引を打ち切って去っていったおよそ5パーセントの取引先は、ディスカウント型大型量販店で、商品知識を必要とする説明やサービスではなく、値引きによる薄利多売の販売戦略でのみ商売していたところだった。

これによって、専門知識を持ってきめ細かな顧客サービスを提供してきた大多数の専門店が、他店の値引きに一喜一憂することなく、心おきなくビジネスができる環境が整った。

「価格リストラ」は、私が下した最大の決断だった。そして、この決断は、その後のモンベルの会社運営の方向を決定づけ、今日の事業の成否を決する結果をもたらした。

■日本初のアウトレットショップ

モンベル直営店の開店によって、われわれはユーザーと直に接するB to Cのビジネスへと本格的に乗り出すことになった。そして、その先に次なる課題も見えてきた。シーズンを過ぎて売れ残った商品をどのように処理するかという問題である。

そんなあるとき、私が理事を務める奈良の社会福祉法人「青葉仁会」の理事長、榊原典俊さんから相談を受けた。

「障害者の自立支援のための就労の場を作れないでしょうか」

そこで私が思いついたのが、障害を持った人たちでも働ける「モンベル・アウトレットショップ」の運営だった。

当時、アメリカでもメーカーが運営するアウトレットショップがひとつの社会現象になっていた。パタゴニアでも「リアル・チープスポーツ」と銘打って、売れ残った商品や難もの、キズもの、B級品などを格安価格で販売していた。

大阪鶴見の三井アウトレットパークのアウトレット店

三井アウトレットパークのアウトレット店の内部。什器も工事用の金属単管を使うなどして、アウトレットのイメージを演出した

それらの格安商品は、正規（プロパー）商品と売り場も分けて、割引理由をタグに明記したうえで販売されていた。そうすることで正規商品とアウトレット商品の差別化を明確にすることができたのだ。

既成概念にとらわれないアメリカのビジネスモデルに、私は新鮮な驚きを抱いた。

榊原さんから相談を受けたとき、私は直感的に「アウトレットショップがいい」とひらめいた。アウトレットショップでは、店頭に並ぶ現品かぎりの販売なので、ほかのサイズやカラーなどを在庫から探し出す手間を必要としない。お客さんが欲しいものを選んでレジに持ってきてくれるので、商品説明のための詳しい知識や難しいやりとりを必要とせず、障害を持っていても働きやすい仕事を提供できるのではないかと考えたのだ。

奈良市三条通りの使われていなかった古い倉庫を改装して、「モンベルファクトリーアウトレット」を開設したのは、１９９１年11月。運営は身体的な障害を持つ人たちに任せることにした。この施設こそ、小さいながらも正真正銘、日本初のアウトレット専門店である。

その開店から4年後の１９９５年には、日本初の本格的なアウトレットモール「鶴見はなぽーとブロッサム」（現「三井アウトレットパーク大阪鶴見」）に、モンベルのアウトレットショップを出店した。

三井不動産からアウトレットモールへの出店要請があったとき、私は躊躇なく出店を決意した。同モールにはスポーツ用品メーカー（ブランド）の直営ショップも出店しているが、開業前には業界からの圧力や小売店への気兼ねから、出店に二の足を踏むメーカーも少なくなかった。私はそうしたスポーツ用品メーカーの担当者にアウトレットの有用性を説き出店を勧めた。

アウトレットショップ開設以前は、正規商品も、型おくれやキズなどのワケあり商品も、同じ店舗の中で販売していた。さらに、シーズン中の正規商品でも、ときには小売店の勝手な都合で処分価格で販売されることもあった。顧客の立場から見れば、ある日店に来て、数日前に買った商品に半額の値札が付けられて売られていたら、どう思うだろう。メーカーや小売店が付けた価格に対するユーザーの信頼が揺らぐに違いない。

プロパー商品はプロパー店で販売し、定番から外されたアウトレット商品は、アウトレット店で販売する。そうしてはっきりと線引きをすることで、消費者にもわかりやすい。

モンベルでは、カタログに載っているかぎりはプロパーの商品として定価販売を貫き、シーズンを終えてカタログから外された商品は、その理由を明確にしたうえでアウトレットショップで販売している。特に衣料品は色やサイズの条件があるため、完全に売り切ることは不可能である。シーズンの終わりには必ず発生する持ち越し在庫を処分するためにも、メーカーにとって直営のアウトレットショップは不可欠である。

こうして、日本国内における本格的なアウトレットビジネスがスタートを切った。そして、今日までその役割を果たし続けてくれている。

第5章

モンベルクラブ会員制度の発足――第6の決断

■通信販売と同時にモンベルクラブを始動

前章では、直営店開業に伴うB to Cの事業の話をしたが、モンベルにとって本当の意味で初めてのB to Cの取り組みは、1985年にスタートした「ピジョンポスト」(現在はモンベルポスト)と名付けた通信販売だった。それはまだ、問屋や小売店を通じてユーザーに商品を届けるB to Bがモンベルの唯一の販売手段だったころの話である。

ずっと以前から直営店を出店したいという思いはあったが、取引先への気遣いもあったし、直営店を出すほどの資金もなかった。しかし、消費者へのダイレクトなアプローチの必要性は常々痛感していた。そこで私は、通信販売によるB to Cビジネスの取り組みを考えた。通信販売なら、いろんな意味でリスクも少ないと考えたからだ。

そのころはまだインターネットは一般化しておらず、ユーザーにカタログを送って、電話や郵便で注文を受けるという極めて手間のかかる方法だった。

この通信販売とほぼときを同じくして、モンベルのファンクラブともいうべき会員制度「モンベルクラブ」を発足させた。年会費1500円という金額は、30年近く経った現在も変わらない。今でこそ、入会すれば、商品購入時に加算されるポイントや提携施設(フレンドショップ)での割引サービス、無料カタログの送付はいうに及ばず、会報誌「ＯＵＴＷＡＲＤ」が送付されるなど、さまざまな特典を受けることができる。しかし、当時はせいぜいカタログと記念品が送られてくるぐらいで、会員特典も極めて限定されていた。それでも、熱心なモンベルファンは１５００円の年会費を支払ってモンベルクラブに入会してくれた。それでも、20年以上の長きにわたって毎年会費を払い続けてくれているダイヤモンド会員は１５１３人（２０１４年9月現在）にも及ぶ。わずか１５００円とはいえ、毎年払い続けることは大変なことだと心から感謝する。

年会費を有料としたのには理由がある。会員一人一人に必要な情報を伝え、われわれの思いを伝えるためには、会報誌の製作費や郵送費などの費用がかかる。その費用を賄い、会員制度を維持していくには、原資となる年会費が必要だと私は考えた。さもなければ、将来会員が増えれば増えるほど、その経費がかさんで、やがては会員制度を維持できなくなるに違いない。

事実、会員総数50万人にも達した２０１４年9月現在、年会費の総額は7億円以上もの多額に膨れ上がっている。無論、年会費を無料にすれば、１００万人はおろか１０００万人の会員登録も夢ではない。しかし、それを維持する経費を想像すれば、とても現実的とは思えない。

単なる顧客の囲い込みを狙った営業目的の会員獲得ではなく、自然を愛し、モンベルを支持してくれるユーザーと価値観を分かち合うために、有料会員制度「モンベルクラブ」を発足させたことが、私が下した6つ目の決断である。

■会報誌「OUTWARD」

モンベルクラブを立ち上げた当初から、私にはこの会員組織を通じてやりたいことがいくつもあった。そのひとつが会報誌の発行である。

モンベルを創業したとき、企業が身につけなければならない要素が5つあると考えていた。「企画力」「生産力」「営業力」「資金力」、そして最後に「広報力」である。

登山家として、私は自分にとって必要な衣料や装備が何かを理解していた。つまり、自分たちがほしい物を作ることが、とりもなおさず「商品を企画すること」そのものだったのだ。そのアイデアを製品にするために、協力してもらえる縫製工場を探しまわって製造をお願いした。こうして出来上がった商品を販売することは、登山用品専門店での販売経験や商社時代に実践した営業経験が役立ち、一連の商取引を通じて得た収益の蓄積が資金となった。

わずかばかりでも資金に余裕ができたころ、いよいよ自分たちが作った商品の機能をユーザーに理解していただくための「広報活動」に力を入れる段階に入った。

「OUTWARD」の創刊号(1996年発行)と65号(2014年秋号)

どれほどユニークで特徴的な機能を持った商品でも、それを正しくユーザーに伝えることができなければ、市場での共感を得ることはできない。

かつて登山に明け暮れていたころ、未踏の岩壁に新しいルートを開拓して、山岳雑誌にその記録を投稿した。どれほど素晴らしい登攀であったとしても、記録が公表されないかぎり、その価値は認められない。この事実が原体験として私の脳裏に刷り込まれていたのかもしれない。

「広報力」は、志を遂げていくための極めて重要な要素の一つである。

最初に手掛けたのは、オリジナルの商品カタログ(第3章参照)だったが、無論そのファンクションはあくまで商品紹介が中心となる。

私は、そうした商品紹介だけではなく、モンベルという企業が行なう多面的な活動――われわれが支援する「冒険」や、被災地支援のような「社会活動」など総合的な情報をユーザーに届けたかった。いわば、「アウトドアライフ」を通じたライフスタイルを提案する媒体としての会報誌だった。

1996年、満を持して、モンベルクラブの会報誌「OUTWARD」を創刊した。刊行は年4回の季刊。「OUTWARD」という名前には、「さあ、外に向かって出かけよう。野や山に、海、河に、自然の中へ」との思いをこめている。

コンテンツは、そのときどきに紹介したい人物と私との対談をはじめ、カヌーイスト・野田知佑氏などアウトドアの達人の連載エッセイ、素材や商品の持つ機能性の紹介、イベントや新商品の告知、モンベルが行なっている各方面への支援活動の報告などを掲載。読み物としての面白さ、情報誌としての有用性はもちろん、ユーザーがモンベルの理念や活動をより深く理解していただけるように努力して編集している。

■フレンドショップ・フレンドエリアでの優待

北海道から沖縄まで、日本中のアウトドアフィールドに出かけるモンベルクラブ会員を、いつも現地で歓迎してもらうことができたら素晴らしいことだと考えた。私自身、若いころから山に通い、温かく迎えてくれるおじさんやおばさんなど地元の人々との交流がうれしかった。そんな心地よい居場所をモンベルクラブ会員にも共有してほしい。そんな思いから１９８６年にスタートしたのが、フレンドショップやフレンドエリアでの優待特典である。

フレンドショップとはモンベルが提携を結んでいる店舗や施設で、会員は利用時に会員カードを提示すると利用価格の割引や飲食物のサービスなど優待特典が受けられる。また、施設単位だけではなく、町、村、島など地域全体でモンベルと提携して、地域内の複数の店舗や施設で優待サービスが受けられるエリアをフレンドエリアと呼んでいる。

私は、まず手始めに旧知の山小屋やペンションのオーナーに協力を求め、モンベルクラブ会員のために施設利用の値引きや飲み物サービスなど、さまざまな特典の提供をお願いした。そのうえ特典ガイドブックへの掲載費用の負担までお願いした。そんな勝手な私のお願いにも、多くの山小屋主人は快く協力してくれた。フレンドショップにわれわれができるお返しは、一人でも多くのモンベルクラブ会員が彼らの施設を利用するように情報を提供することだった。今や50万人にも及ぶ会員に対して送付されるガイドブックへの施設紹介の掲載はもちろん、全国のモンベル直営店のイベントスペース「モンベル・サロン」を使用したフレンドショップやフレンドエリア主催の写真展や説明会の開催も歓迎している。互いにWin-Winの関係が成立してこそ継続できる提携なのだ。

はじめはフレンドショップとして個別の店舗や施設単位での登録だったが、やがて地方自治体や地元の観光協会などが窓口となり、町や島ぐるみで複数の店舗や施設の登録を一括して行なえるフレンドエリアも設けるようになった。フレンドエリアができたことで、モンベルクラブ会員は地域を面でとらえて、同一エリア内のさまざまな施設で優待サービスを受けられるようになり、この制度の魅力がより高まった。

その後、モンベルのフレンドショップやフレンドエリアは全国に拡大して、今ではおよそ１００カ所の施設が登録する全国ネットワークに成長した。

ナショナルブランドとして全国区にまで成長したモンベルだからこそ、あえてローカルの目線で地域活性に協力し、共存しなければ、われわれのビジネスも成り行かない。そんな考えが、このモンベルフレンドショップやフレンドエリアのサービスに込められている。

■モンベル・アウトドア・チャレンジ（M.O.C.）への参加

第1章でも述べた通り、私は高等学校を卒業して山岳ガイドをめざしていたが、それを生業にすることの難しさを知り、アウトドア用品の製造販売業を基幹にしたモンベルを創業した。しかし、ガイド業への思いは持ち続けていた。

物販事業が順調に推移する中で、1991年、アウトドアフィールドに顧客を案内する事業（米国ではアウトフィッティングと呼ぶ）「モンベル・アウトドア・チャレンジ（M.O.C.）」を立ち上げた。そして、私自身もM.O.C.のガイドとして、登山やカヌーのツアーに初心者を案内するイベントを実施することにした。厳しい自然環境に身をおいてこそ味わえる美しい景観。重い荷物を担ぎ、汗を流して到達した頂上でこそ味わうことのできる至福のひととき。そんな体験を、モンベルを支えてくださるユーザーとともに味わいたいと望んだ。

さらに、M.O.C.の活動は、モンベルがメーカーとして自社商品の特徴や機能などを直接ユーザーに説明する場としての役割をも担っている。アウトドアの現場でこそ、説得力をもって商品説明ができ、またユーザーの要望を聞くこともできる。

プログラムの企画・運営は、ラフティングなどの一部を除いて、すべてアウトドア経験豊かな全国の直営店スタッフや本社の社員が自ら行なっている。イベントには、トレッキングやクライミング、カヌーやカヤック、さらにサイクリング、スノーシューなどがあり、さまざまなフィールドでの四季を通じた多彩なプログラムを用意している。ガイドを担う各店のスタッフは、地元のフィールドにも精通しているので、訪れた参加者には安心してイベントを楽しんでもらえる。

私は、こうしたプログラムを、モンベルクラブ会員特典として位置づけることにした。会員ではない一般の参加希望者は、これを機会にモンベルクラブに入会していただいて、誰でもイベントに参加することができる。かぎられたマンパワーの中、多大なエネルギーを傾けてガイドするという、いわば本業を離れたこのイベントを、モンベルのファンクラブともいえるクラブ会員とわれわれスタッフとの交流の場にしたいと考えたのだ。

■会員限定のイベントへの参加

石川県羽咋市の千里浜海岸に隣接して、全国のモンベル直営店や商品取扱店に商品を配送する巨大な倉庫「モンベル流通センター」がある。そもそもこの地に倉庫を建設することになったきっかけは、地元羽咋市からの企業誘致のお誘いだったが、最終的に私の決意を促したのは、その美しい

M.O.C. のカヤックイベント(琵琶湖)

M.O.C. のシャワークライミングイベント（明王渓谷）

自然環境だった。8キロにも及ぶ遠浅の海岸線と美しい砂浜。冬の北風を防ぐ松林を隔てて、モンベル流通センターは建っている。

2003年、その敷地を利用して、モンベルクラブ会員向けのアウトドアイベント「トライ&キャリー」を開催した。「この千里浜の美しい自然の中で、モンベルクラブの会員と一緒にアウトドアイベントを楽しみたい」、そんな思いから、私が発案したのだ。

隣接する千里浜の海は、シーカヤックのフィールドとして申し分ない。おまけに倉庫には200艇以上のカヌーやカヤックの在庫がある。輸送賃を払って店舗に送るより、お客様に来ていただいて、海でカヤックを試乗してもらい、気に入れば買っていただき、自家用車に積んで持ち帰ってもらう。そうすれば、少なくとも輸送費の負担をかけずにお買い上げいただける。さらに、カヌーやカヤックだけではなく、倉庫に積み上げた膨大なモンベル商品、とりわけシーズン遅れの旧品や、多少の汚れや傷のあるアウトレット商品、なかにはサンプルで作った一品モノのレアな商材までお買い求めいただける。

石川県の能登半島という遠隔地にもかかわらず、毎年、全国から多くの会員が家族連れで参加してくれた。大人はカヌーやショッピングを楽しみ、子供たちは特設のクライミングウォールを攀じ登ったり、敷地内の池で子供用のカヌーを楽しんだ。

モンベルフレンドフェア会場内のカヤック体験プール

モンベルフレンドフェア。子供用のクライミングウォール

この「トライ&キャリー」は、その後8年間開催した。参加した会員からは好評をいただいていたが、スタッフ社員の準備の大変さと、車で長距離を移動してくる参加者の負担を考えて、2010年にいったん取りやめることにした。

一方、2007年から開催している「モンベルフレンドフェア」は、首都圏や関西圏などの大都市を中心に行なわれ、少なくともその周辺に住む人たちにとっては容易に参加できるので、毎回多くの会員で賑わっている。会場は企業の見本市に使われるほどの大きな屋内施設なので、天気が悪くてもイベントを開催できるという強みもある。

「モンベルフレンドフェア」の最大の特徴は、全国のフレンドショップやフレンドエリアが出展するブースが一堂に会することだ。来場したモンベルクラブの会員は、たっぷり時間をかけてブースをめぐり、それぞれのフィールドやツアーの情報を集めたり、地元の特産品を購入することができる。このイベントのコンセプトは、モンベルのフレンドショップやフレンドエリアの人々とクラブ会員が直接対面して交流する場の提供である。

会場内の一角に用意したアウトレット商品の販売コーナーは、一人でも多くの会員に足を運んでいただくための魅力の一つとして位置づけた。

家族連れの来場者も多く、同伴した子供たちにも楽しんでもらえるアトラクションも多数用意

モンベルフレンドフェア会場のアウトレット商品販売コーナー

した。たとえば、カヌーに乗って遊べる特設プールや、フリークライミングが体験できるクライミングボード、天井からぶら下げた20メートルもあるロープをハーネスを使って登るツリークライミングは、子供たちの人気の的だ。

さらに、来場者全員に当たる抽選会のプレゼントも準備して、来ていただいたみなさんに楽しんでいただける工夫もした。

来場者数は年々増えて、２０１４年春に横浜で開催したフレンドフェアには、２日間で６０００人以上の会員が参加した。

■商品購入時のポイント付与と社会貢献参加

ユーザーにとっての関心は、やはり「商品を1円でも安く買えること」であろう。

メーカーであるモンベルは、二重価格表示の禁止という法的な制約を受けているため、直接値引きではなく、ポイント付与というかたちでモンベルクラブ会員に対する特典とした。サービスを開始したのは2001年。モンベル直営店や通信販売で買い物すれば、その購入金額の数パーセント分をポイントとして還元する。次回以降の買い物の支払いから「1ポイント＝1円」として、貯まったポイントで買い物ができるという仕組みだ。

会員登録を継続していただいた年数によって、段階的にポイント付与率をアップするルールも導入した。入会初年度のブルーカードのポイント付与は3パーセントだが、2年目から4年目までの継続会員には4パーセント（シルバーカード）、5年～10年目は5パーセント（ゴールドカード）、10年～19年目は6パーセント（プラチナカード）、20年目以降は7パーセント（ダイヤモンドカード）とした。

ポイントは、会員の方が望めば、モンベルがサポートする個人や団体に寄付することもできる。

また、年間1500円の年会費のうち、50円分のポイントは自動的に「モンベルクラブファンド」に算入されることになっている。２０１４年8月現在、50万人の会員から集められるファンド基金は年間およそ２５００万円にものぼる。この基金を利用して、災害支援や自然保護活動支援、チャレンジ支援などを行なっている（モンベルの社会活動の詳細は第6章参照）。

近年、企業による社会貢献、いわゆるＣＳＲ活動が盛んに行なわれるようになった。一般にそのようなＣＳＲ活動の原資は、企業の収益の一部から捻出されることが多い。企業のＣＳＲ担当部署は、数多く寄せられる寄付依頼の申請を審査する立場にあるが、ときに与えられた権限で予算を消化することが仕事になってしまい、ルーティーン化するケースも少なくない。

私は、そのようなＣＳＲのありように違和感を抱いていた。企業が行なうＣＳＲの活動を支える原資は、その企業が顧客からいただいた利益に他ならない。寄付を受ける団体や個人が本当にお礼をいうべき相手は、企業ではなく、企業を支える消費者なのだと私は考えている。

モンベルクラブファンドは、モンベルクラブの年会費の一部で賄われている。つまり、モンベルクラブ会員こそ、支援を必要とする団体や個人に対して直接支援する存在なのだ。

われわれは、クラブ会員から預かった年会費の一部（ファンド）をもとにした資金で、誰に、どんな支援を行なったかを会報誌「ＯＵＴＷＡＲＤ」で報告をしている。

企業の収益からの寄付では、収益が上がらなくなったとき、その原資も断たれる。しかし、モンベルクラブファンドは、モンベルクラブ会員が存続するかぎり、金額の大小はあったとしても、原資は常に確保される。結果として、継続的な支援活動を行なうことができるのだ。

■地域貢献、地方自治体との連携

モンベルクラブ会員50万人（2014年8月現在）の存在は、モンベルの物販ビジネスにとどまらず、思いもよらない分野で多大な影響をもたらしている。

先述したフレンドエリアの多くは、観光協会など地方自治体の外郭団体が加盟に必要な費用を負担しているケースが少なくない。また、自然豊かなアウトドアフィールドを持つ多くの地域では、アウトドアツーリズムで集客したいと望んでいる。

一方で、そんな地域の自然環境は、アウトドアビジネスを生業にするわれわれにとっては必要不可欠な存在でもある。50万人を超えるモンベルクラブ会員が心おきなく楽しめるアウトドアフィールドを、それぞれの地域で提供してもらえれば、必然的にわれわれのビジネスにも望ましい結果が見込まれる。まさに両者のニーズが一致する関係にある。

そんな個々の取り組みの中、フレンドエリアとしての提携という枠を超えて、さらに一歩進んだ

伯耆大山の登山口に立つモンベル大山店

モンベルと地方自治体との提携が進んでいる。

最初の成功事例は、２００８年に鳥取県大山町に出店したモンベルストアだった。人口わずか2万人にも満たないこの町は、かつて伯耆大山の登山口として、また１３００年の歴史を持つ大山寺や大神山神社の門前町として賑わい、冬は西日本有数のスキー場として多くの家族連れや若者たちが訪れるウィンタースポーツのメッカだった。しかし近年、そのスキーブームが去り、集落の活気も消えていた。大山の北壁は、私がアイガー北壁をめざしていたころ、氷壁クライミングのトレーニングゲレンデとして足繁く通っていた岩壁でもある。そんな縁もあって、あるとき地元の自治体からモンベルに出店要請があった。

当時は、広島や岡山などの主要都市を含めて、中国地方には一店もモンベル直営店は出店していなかった。

市場の規模を考えるなら、普通はまず広島や岡山の大都市を選ぶのが常識だろう。しかし、大山登山口という立地環境は、私の個人的な興味として、モンベルの登山基地には面白いと思えた。ただ、ビジネスの採算という視点で考えたとき、一抹の不安もあった。

そんな私が出店を決心したのは、大山を訪れた友人から聞いた話がきっかけだった。ある日、その友人が大山山麓の食堂で食事をしていたとき、何人かの若者たちが別の席に寄り集まって、何やら熱心に相談ごとをしていた。聞くともなく聞こえてきた会話の端々に「モンベル……」という言葉があったので、友人は「彼らはきっとモンベルの社員たちに違いない」と思い、その若者たちに声をかけた。すると、意外な答えが返ってきた。

「私たちはモンベルの社員ではありません。地元の人間で、今度モンベルを大山に誘致したいと思っています。誘致できたら、絶対にモンベルを失敗させないためにはどうしたらいいかを話し合っていたんです」

この若者たちの話を友人から聞かされた私は、地元の本気度に心を打たれ、モンベル直営店を大山に出店することを決意した。

モンベル大山店は、大山町はもちろん、鳥取県の協力も得て、現在までに予想を上回る業績を上げ続けている。地元の人たちも「モンベルができたおかげで、町の雰囲気が一気に変わった」と喜んでくれている。

その後、この成功事例を受けて、北海道大雪山の麓に位置する人口７８００人の東川町や、富士山山麓の富士吉田市に出店するなど、アウトドアフィールドに隣接したロケーションへの出店が続いている。２０１４年８月現在、熊本県南阿蘇村や奈良県生駒市の生駒山麓公園内に、ビジターセンターと併設したモンベルストアの計画が進行中である。

地方自治体からの出店要請に応じるにあたっては、無論、事業の採算性などビジネスとしての裏付けを見極めたうえでの裁断であることは言うまでもない。とはいえ、多くの自治体から望まれて、地域活性の一役を担えていることに誇りと喜びを感じている。

著者自らがガイドをするM.O.C.スイストレッキング

第6章

アウトドア義援隊——第7の決断

■1995年、阪神・淡路大震災

1995年1月17日、午前5時47分。大阪府堺市の自宅にいた私は、かつて経験したことのない縦揺れによって、叩き起こされるように目を覚ました。

ベッドから出ると、慌ててテレビのスイッチを入れた。間もなく、ヘリコプターが神戸の上空からとらえた映像が流された。あちこちに煙が立ち上っていた。俯瞰した映像では町並みの詳しい状況まで確認できなかったが、「3人の死者が確認されました」とのニュース報道に、当初は「死人が出るほど大きな災害になったんだ」という程度の認識でしかなかった。

しかし、時間がたつにつれて、報道される死者の数が、どんどん増えてゆく。間もなくして、神戸の友人から電話を受けた。

「水道やガスなどのライフラインが寸断されてしまった。屋根も壊れたのでブルーシートがほしい」

助けを求める連絡だった。その時点ではまだ電話が通じていたのだ。

私は早速、手に入れられるかぎりの水と食料、それにブルーシートを四輪駆動のピックアップトラックに積みこんで、家族（妻、娘、息子）とともに神戸市灘区の彼の家をめざした。淀川を越え、武庫川を越えたあたりから、倒壊した家屋の瓦礫で道がふさがれて、思うようには前進できなかった。道を選んで、タイヤがパンクしないように細心の注意を払いながらトラックを走らせた。

ようやく彼の家に到着したときは、すでに夕刻になっていた。幸い、彼と彼の家族は無事で、家も倒壊を免れていたので、頼まれた品物を手渡して引き返すことにした。

帰路、光のない暗闇の中、黙々と何かを引きずりながら運んでいる人たちに出会った。車を止め、何をしているのか尋ねてみると、彼らは「家族の遺体を運んでいるんです」と答えた。見ると、たしかに包まれた毛布の裾から痛々しい素足がのぞいていた。私は、息子と二人で、遺体の搬送を手伝うことにした。4人で毛布の端をつかんで丁重に運び、遺体は灘高校の体育館に安置した。真っ暗な体育館の中には、ろうそくが灯されていて、所狭しと人が横たわっていた。それがすべて遺体であることを理解するのに時間がかかった。あまりにもたくさんの遺体が横たわっていた。その後も多くの遺体を掘り出し、運び、目にすることになったが、おそらく私が一生かかっても見ることがないであろう遺体の数だった。

布や毛布もかけられずに並べられた遺体を見て、私はふと「寝袋を供出して使ってもらおう」と考えた。以前、米軍がベトナム戦争などで戦死した兵士の遺体を寝袋に入れて（ボディバッグと呼ぶ）搬出したと聞かされたことを思い出したのだ。

一息入れてから、私たちは自宅へ戻ることにした。その帰り道、家を失った多くの人々が路上で瓦礫を燃やしながら冬の寒さをしのいでいる姿を目にした。

私は「亡くなられた方々には気の毒だが、今こうして生き残った人々に寝袋を使ってもらうことにしよう」と考えを変えた。同時に、会社の業務を一時中断しても、この未曽有の災害で被災した方々の支援をすることを「決断」した。

多くの被災者を目の前にして、われわれがやらなければならないこと。それは被災者への支援活動だった。しかし、会社の経営を考えれば、何カ月にもわたって業務を中断して全社的な支援を続けることは現実的に困難だ。そこで私は「2週間」という期限を心に決めた。2週間ならば、経営に支障をきたすことなく、会社を挙げて被災者支援を行なうことができる。

また、地震発生直後から現地入りして私が実感したのは、初期支援活動の重要さだった。ライフラインを失い、生死を分ける3日間。この段階では、被災地の自治体組織は混乱し、自衛隊や消防などの組織支援にも物理的な限界がある。もっとも身近にいてお互いを助け合うのは、近隣の住民同士や企業の役割だと考えた。

2週間は会社を挙げての支援活動に専念することにしたわれわれは、その間にテント500張、寝袋2000個のアウトドア用品を被災地に配って回った。それらを受け取った被災者の方々は本

阪神・淡路大震災
（上）被災者が集まる公園にはモンベルのテントが並んだ
（下）モンベル六甲店をアウトドア義援隊本部にした

当に喜んでくれた。あちこちの公園や空き地は、いっときモンベルテント村のような光景になっていた。

被災地からは続々と支援継続の要望が届けられた。しかし、これ以上の支援を続ければ、会社がもたない。考えた末に私は、モンベル一社だけではなく、アウトドア業界に関わるすべての人々の手で支援活動を継続することにした。

早速ペンをとって、支援要請状を書き上げた。「〝人・物・金〟のいずれでも、支援協力を申し出てください」と。そして、その活動の名を「アウトドア義援隊」とした。

私は、アウトドアに関わる個人や団体にファックスでこの支援要請状を２００通ほど送った。送信を終えて10分後には最初の返事が返ってきた。雑誌「ビーパル」や、作家の夢枕獏さんが本名で返信してくれていた。その後も続々と協力承諾の連絡が届いた。その素早いリアクションに、私は鳥肌の立つ思いがした。

〝人〟とは、今でいう「ボランティア」である。当時はまだそんな言葉は使われていなかったが、この震災を機にそう呼ばれるようになった。

〝物〟とは、「支援物資」であり、とりわけキャンプ用品は被災地ですぐに役に立った。

〝金〟は、言うまでもなく「義援金」であり、集められた金銭で被災地の要望に応える品物を購入して配布した。

結局、われわれの義援活動は１カ月間に及んだ。さすがにそのころには、全国から多くの支援団体が現地に入り、国や行政による本格的な支援活動も始まっていた。

私は、この「アウトドア義援隊」の活動を通じて、地震災害のような有事において、アウトドア用品がいかに役に立ち、そしてアウトドア活動の実践者たちがいかに活躍できるかを実感した。ただし、「アウトドア義援隊」は、異例ともいえる大規模な災害時の支援活動であり、その役割を果たす機会が再び起こることなど考えてもいなかった。

しかし、阪神・淡路大震災から16年後、想像だにしなかった大災害が再び発生する……。

■２０１１年、東日本大震災

２０１１年3月11日、阪神・淡路大震災をはるかに上回る甚大な被害をもたらすことになる巨大地震が、宮城県沖を震源に発生した。テレビには、巨大津波に襲われる海岸線の衝撃的な映像が映し出された。私の脳裏に16年前の阪神・淡路大震災の記憶が重なった。神戸の震災発生直後には、アウトドア用品やキャンプの経験を活かした支援活動が有効だった。今回もきっと役に立てるに違いない。

「急がねば！」

翌3月12日、私は阪神・淡路大震災のときに組織した「アウトドア義援隊」の再開をすぐに決断した。「人・物・金」――そのいずれかの支援を、アウトドアに関わる企業、団体、個人に対してインターネットを通じて募った。同時に二人の社員を先遣隊として現地に走らせた。

仙台港にあるアウトレットモールのモンベル直営店は津波の被害をもろに受けたが、幸い従業員は全員避難して無事だった。仙台にある他の2店舗は地震の大きな被害を受けていたが、建物の倒壊は免れた。

先遣隊から「現地でのガソリン補給が不可能」との情報があり、私は単身ハイブリッド車で山形に向かった。山形市商工観光課の青木氏の紹介で、株式会社ミツミ電機山形工場を訪ねた。山形県天童市に同社の使われていない工場の建物があり、物資の集積基地として借りられないか、依頼するためだった。

「どれくらいの期間ですか？」

先方の担当者が尋ねてきた。私は、

「わかりません。1カ月か……2カ月か……」

東日本大震災。女川の避難所「保福寺」に義援物資を届ける

天童市のミツミ電機工場跡に設置したアウトドア義援隊現地本部で、仕分け作業に従事する少女

と答える。

「いつからですか?」

「明日にでも」

「……わかりました。使ってください」

即断、即決である。企業の決断は早い。

それに比べて、行政の動きは遅かった。組織の体質では済まされない、危機管理能力が問われる緊急事態である。たとえば、震災直後から多くの国民が何らかの形で被災者を支援したいと願っていた。しかし、当初一部の自治体は、個人から送られてくる支援物資の受け付けを拒んだ。大量に送られてくる物資の仕分けや配送ができないというのがその理由だ。

われわれは、企業から送られてくる大量の物資とは別に、全国のモンベル直営店68カ所（2011年当時）で個人が持ち込む救援物資の受け付けを始めた。毛布1枚、カップラーメン1箱でも、心のこもった物資を迅速に被災者に届けることにした。

一方、福島の原子力発電所の事故に関しては、当局からの状況説明はまったく要領を得なかった。原発から90キロ離れた仙台でさえ、放射能の不安が拭えない。社員やボランティアの安全を確保しながら、どのように救援活動を進めればいいか……あらゆる事態を想定して、私の心は揺れた。めまぐるしく変化する状況の中、迅速な決断が求められた。それはまるで、悪天候の冬山で遭難者の救出に向かう登山隊のリーダーに求められる切迫した緊張感に似ていた。

国道48号線を走って峠を越えれば、仙台までわずか40分の至近距離にある天童市には、発災直後でも日常のライフラインが確保されていた。もし福島の原発が突然爆発しても、蔵王の山が楯となってくれるはずだ。ボランティアも安心して物資の仕分け作業ができる。後方での支援基地としては申し分ない。われわれは山形県天童市をアウトドア義援隊の現地本部として、宮城県の被災地への支援を開始した。

天童市に集積した大量の支援物資は、全国から集まったボランティアが仕分けしてくれた。その中に黙々と作業する地元の小学生の姿があった。

「この子にとってもいい経験になります」

あるとき、その子のお母さんにお礼を言われた。

「被災地に入ってボランティアができなくても、仕分けの仕事ならば、私たちにもお手伝いができます。その機会を与えてくれて、ありがとうございました」

思いもかけない言葉に私は戸惑った。

県境を隔てて被災を免れた山形の人たちは、よく次のような言葉を口にしていた。

「被災した宮城、岩手、福島の人たちの現状を考えれば、自分たちが無事であることを素直に喜べず、負い目を感じていた。こんなかたちで被災者の一助になれて良かった」

被災地支援には、被災した人々への直接的な支援とは別に、支援したいと願う人々のためにその機会を作る役割もあるのだと痛感した。

支援物資はボランティアたちの手によって被災地に届けられた。当初は、毛布や防寒衣料などが喜ばれたが、そのニーズも徐々に変化していった。また、大規模な避難施設に比べて、孤立した住宅や小さな避難所には物資が届いていなかった。われわれは、そんな見過ごされがちな避難所や住宅を中心に物資を配った。何度も足を運ぶうちに、被災者も心を開いて自らの体験を語ってくれるようになった。

「娘と孫が、まだ見つからんの……」

避難所として利用されていたある斎場では、当初は150人の被災者が避難していたが、いつしか7人だけになっていた。そのうちの一人、ある年配の女性がわれわれに話してくれた。

「孫の顔を見るまで、ここを離れられんの」

「……見つかるといいね、おばあちゃん」

「見つかったら、すぐ会いに行けるように、ガソリンを取ってあるんだよ」

彼女が上目遣いになり、指差した先には、軽トラックがあった。

悲しみと向き合う被災者を前に、ただうなずくことしかできない自分の無力さを思い知らされた。

物資による支援活動は、震災発生からおよそ１カ月で終息した。被災地でもガソリンの供給が始まって、多少の不自由はあっても、お金さえあればほしいものが買える段階に入っていた。

全国から集まった義援金は、被災地の要望に応じて下着や灯油などの購入に当てた。そして、残った義援金を使って、１人１万円の見舞金として被災者の方々に配った。わずか１万円の現金でさえ、受け取った方は喜んでくれた。

ところが、ある避難所で見舞金を届けようとしたところ、被災者のリーダーから「受け取れない」と辞退されてしまった。聞けば、役所から「現金は受け取らないように」とのお達しが出ているとのこと。もらった人ともらえなかった人の間に不公平が生じるからだという。行政のその対応に、私は疑問を感じた。では、支援物資として自転車をもらった人ともらえなかった人の間に生じる不公平はどう考えればいいのだろう？　無論、「公平に配分すること」の大切さは理解している。しかし、公平の原則に縛られて、支援が滞ってしまうのは本末転倒ではあるまいか。事実、当時公的機関に集められた義援金が、震災発生後数カ月経っても被災者のもとに届けられないという事態も各地で起こっていた。

これ以外にも違和感を感じたことは数々あった。

われわれは、東松島から気仙沼の海岸沿いを中心に支援活動を行なっていた。その地域内の山間部の避難所では、当初から電気以外のライフラインが確保されていた。水は沢から汲み、燃料の薪も容易に手に入ったからだ。

問題は市街地の復旧作業だった。一切のライフラインが閉ざされて、津波を受けた住宅の瓦礫の撤去と泥かき作業が急がれた。

ところが当初、被災地へのボランティア活動に水をさす報道が流されていた。「現地の情報を持たず、不用意に被災地に入ると混乱を招く」というのである。この報道を耳にしたとき、私は「いったい誰に迷惑をかけるというのだろう?」と耳を疑った。

一方で、ボランティアを志願する若者の中には、「現地へ支援に入ってもいいんですか?」などと質問をする者もいた。今まさに同胞が助けを待っているというのに、いったい誰の許可が必要だというのだろう?

そもそも、発災直後の混乱の中、現地に飛び込んで行かないかぎり現地の状況などわかりようがない。一刻も早い助けを待ち望んでいる被災地の声を、どれほど彼らは理解していたのだろうか。

南三陸病院の高台にて。海面から40メートル近い高さのこの高台まで津波が押し寄せた

こうした消極的な報道にもかかわらず、自らの責任において行動を起こした若者も大勢いた。こうした勇気ある行動に対して、被災地の人々は心から感謝して彼らを受け入れてくれた。スコップ一本引っ下げて飛び出して行くガッツと熱い思いを、将来を担う若者たちに私は期待する。復興への遠い道のりも、力を合わせて進めば、必ず実現できると信じて……。

■「浮くっしょん」の開発

東日本大震災で甚大な被害を引き起こしたのは津波だった。その犠牲者は約2万人にも上る。そのうち2600人ほど（2014年9月現在）は、いまだに行方がわからない。肉親を探し求める家族の思いは、いかばかりかと心が痛む。収容された死者のうち90パーセントが「溺死」だったとの報告もある。

そんな中、宮城県東松島市在住のモンベルクラブ会員から、うれしい便りが寄せられた。「津波で流されましたが、モンベルのダウンジャケットを着ていたおかげで、水に浮くことができて助かりました」

純度の高い水鳥の胸毛を使用したモンベルの「EXグースダウン」が、水をはじいて浮いたというのだ。

ほかにも「ジオライン・アンダーウエアを着ていたおかげで、濡れた体でも暖かく一夜を過ごすことができました」など、数多くの感謝のメールをいただいた。アウトドア用品の機能が、思いがけず東北の人々の命を救ったことに驚くと同時に、非常時におけるアウトドア用品の有用性を改めて実感することができた。

震災発生からおよそ1カ月が過ぎ、被災地への支援物資の供給も一段落したころ、以前から依頼されていた世界一周クルーズ船「ピースボート」の講師として、シンガポールからインド・コーチンまでの区間に乗船した。

船上では多くの若者や熟年の夫婦が、私の話に熱心に耳を傾けてくれた。話題は、登山やカヤックでの冒険談からモンベルのさまざまな事業のエピソードまで多岐に渡った。印象的だったのは、昨今の厳しい雇用情勢の中、将来の進路を探し求める若者たちの真剣な眼差しだ。

話が被災地でのアウトドア義援隊の活動報告に及んだとき、一人の受講者から発言があった。

「津波には、ライフジャケット（ＰＦＤ：Personal Floating Device）を用意しておけばいいんじゃないですか？」

その一言に、私は頭をハンマーで叩かれたような衝撃を受けた。

「そうだ！　ＰＦＤを用意しておけばよかったんだ。こんな当たり前のことに、なんで今まで気づかなかったんだろう」

宮城県石巻市の大川小学校では、津波によって全校児童１０８人のうち74人が死亡・行方不明になるという悲劇が起こった。大津波が東北の海岸線を襲ったとき、大川小学校の全生徒にＰＦＤを着用させることができていたら、彼らの命を救えたかもしれない。

言われて気づけば、船はもちろん、飛行機でさえＰＦＤが装備されているのに、津波や水害の危険性があるとハザードマップで指摘されている地域の学校や老人施設にＰＦＤが準備されていないのは明らかにおかしい。

インドから帰国した私は、早速、津波対策のＰＦＤ製作に取りかかった。

折しも、津波で７キロも流されたが、ＰＦＤを着用していたおかげで助かったというご夫婦の情報を得た。彼らから話を聞かせてもらうため、私は石巻の彼らの仮住居に向かった。ご主人はプロの潜水作業者で、モンベルクラブの会員でもあった。二人は海岸線に建っていた自宅ごと、河川に沿って内陸へと流された。とっさにＰＦＤを着用しながらも、「死ぬかもしれない」と覚悟したという。同時に彼は「もし死んでも、ＰＦＤを着てさえいれば、体は浮く。きっと回収して、家族のもとに届けてもらえるだろう」と考えたそうだ。二人の話から現場の切迫した思いが伝わってきた。

ＰＦＤはまさに極限の中に見た最後の希望だったに違いない。

津波に流され、行方不明になってしまった数多くの犠牲者たち。被災地では、黙々と遺体を捜索する自衛隊や消防の隊員たちの姿を見て、頭が下がる思いがした。彼らの苦労と残された遺族の思いを考えれば、死んでも浮かんでいることの意味は大きい。

とはいえ、ＰＦＤが津波に効果があるとわかっていても、いつ起こるかわからない災害に備えて、学校の教室や家庭に常時ぶら下げておくのは抵抗があるだろう。まして、津波の記憶も、5年、10年経てば、忘れられていくに違いない。

そこで私は「普段はクッションとして使い、いざ津波が発生したら、カバーを外してＰＦＤになる製品」を考えた。その名も「浮くっしょん」。シビアなネーミングは津波の悲惨な記憶を喚起しかねないと考えて、少しユーモアを交えた商品名にした。

試作とテストは何度も重ねた。カヌーイストの野田知佑さんが校長を務める「川の学校」では、子供たちに実際に着用してもらって効果を確かめた。

「浮くっしょん」開発のチャレンジは、クッションとしてかさばらず、座り心地がよく、ＰＦＤとして十分な浮力が保たれるデザインの実現だった。万一失神しても、必ず体が仰向けになり、枕が頭を浮かせて気道が確保される点も重視した。

近い将来必ず起こるだろう東南海地震に備えて、想定されるハザードマップ内の小中学校はいうに及ばず、地域住民にも一刻も早く装備してもらいたい。「浮くっしょん」の開発を進めながら、私は心からそう願っていた。

製品が完成すると、私は手始めに和歌山県庁に知事を訪ねて、ＰＦＤ配備の必要性を説いた。モンベルフレンドタウンのひとつ、本州最南端の町である和歌山県串本町の町役場は、海抜がわずか2メートルしかない。かつて南海地震の津波で大きな被害を受けた彼らは、津波対策を自分たちの安全に直結する切実な問題として捉えていた。町議会でもＰＦＤの効用が議論され、住民に推奨することが採択された。

その後、高知県や三重県などの知事や市町村の首長に、ＰＦＤの必要性を訴えて回った。被災地である宮城県気仙沼市の唐桑中学校では、「浮くっしょん」を使った着衣水泳の訓練を実施することになった。年に一度、津波防災の日を定めて、実際にＰＦＤを装着してフローティングポジション（安全に浮かんで流れていく体勢）を訓練することで、少なくとも防災の意識を再確認できる。さらに訓練だけではなく、夏の水遊びを楽しむときも常にＰＦＤを着用していれば、毎年起こる子供たちの水難事故を防ぐことができるし、いざというときにも慌てずＰＦＤを装着することができる。

日本人は、幾度となく自然災害を体験してきたにもかかわらず、今回もその教訓を生かすことができなかった。あの忌まわしい原発事故を含めて、今度こそは教訓を無駄にせず、近い将来に必ず起こる災害に備えなければならない。

■復興住宅「手のひらに太陽の家」

東日本大震災発生から８カ月が過ぎたころ（２０１１年11月）、遅れていた仮設住宅も供給されて、町づくりや地域復興への新たな局面に入ろうとしていた。被災地では、国や地方行政による抜本的な指針に沿った支援が求められていた。

震災直後から３００トン以上の義援物資を全国の支援者からお預かりして、被災地を駆け回って配給した後、泥かきや瓦礫の片付けなどの支援を続けてきたアウトドア義援隊のボランティア活動も、11月に入って一息つくことになった。

長期間にわたって、ともに汗を流して支援活動を続けてきた仲間たちが集まって、東松島の被災者のみなさんと交流バーベキュー会を開催することになった。支援する側、される側だった関係性は、いつしか「人と人」、旧知の友人の間柄に進化していた。お互いに再会を喜び合い、当時を振り返って涙ぐむ人、冗談を交わして談笑する人、さまざまな表情があった。

会場は、地区長をはじめ地元有志の協力を得て、仙石線東名《とうな》駅前の空き地に設置された。冬の到来を予感させる潮風を感じながらも、あたたかい空気に包まれていた。

津波ですべてを流された東松島の漁師さんが、被災後に養殖した牡蠣を炭火で焼いて、ボランティアの仲間たちにふるまってくれた。すこし小ぶりだが獲れたての新鮮な牡蠣の味は格別で、潮の香ばしい香りに豊かな三陸の海の再生を確信した。

被災者の一人から声をかけられた。

「あのときは、本当に助かりました。何もかも失ってしまいましたが、アウトドア義援隊のみなさんの助けに勇気づけられて、ここまで来ることができました」

その方は眼に涙を浮かべていた。

「他のボランティアと比べるのはよくないかもしれませんが……アウトドア義援隊のボランティアのみなさんは違いました。また来ますと言ったら、必ずまた来てくれたんです……本当に親身になってくれたって実感できたんです」

「そんなに喜んでもらえたら、仲間たちも幸せですよ」

彼の言葉を聞いて、私もうれしかった。

町は復興に向けて、着実に歩んでいた。町で電気店を営む被災者の一人が「みなさんのおかげで、ようやく店の再開にこぎつけることができました」と話してくれた。

「それはよかった。お店は繁盛していますか？」

私が聞くと、電気店の主人がすこし表情を曇らせて、こう言った。

「いやー、実はあまり売れていません」

津波に町ごと流されたため、住民たちは新たな生活を始めるために電化製品が必要なはずなのに……。不審に思っている私に、電気店の主人がことの真相を教えてくれた。

「仮設住宅には公的な支援で電化製品が送り込まれて、われわれの店では商品が売れないんです」

なるほど、言われてみれば、以前に訪ねた岩手県宮古市の仮設住宅には、何インチもある大型テレビや、風呂場に入るのにカニのように横歩きしなければならないほど場所をとる大型洗濯機、背丈よりも大きな冷蔵庫がどっかと設置されていた。どれも狭い仮設住宅には不釣り合いな大きさだった。その家の住民に話を聞くと、それらの電化製品は日本赤十字社に寄せられた義援金で購入されて贈られたものだという。

もし現物ではなく、家電製品の購入費用として一定金額が支給されていたら、部屋の大きさに応じたコンパクトなテレビや洗濯機を購入して、節約したお金でほかに必要なものを買うなど、被災者が自らで考え、お金の使い道を選択できたはずだ。それに何より、その地域で買い物をすることで、地元の電気店の売り上げにも貢献できる。

被災地の復興は、地元のビジネスを喚起して、経済活動を活性化させなければならない。当時すでに、お金さえあればほとんどのものが購入できる状況にはなっていた。もはや品物で支給する段階ではなく、金銭で支援すべき段階に来ていた。被災者が必要なものを自分で選んで、地元の商店で購入することが望ましかった。

この段階に入ってわれわれにできる復興支援の役割を考える中で、地元のNPO法人から一つの提案を受けた。原発事故後の放射線に苦しむ福島から子供たちを受け入れて、放射線を気にすることなく存分に屋外で遊ばせることができる施設を建設しようという計画だった。

この提案を持ちこんで来たのは、宮城県の栗駒自然学校校長の佐々木豊志さんと日本の森バイオマスネットワークの大場隆博さんだった。彼らは、震災発生直後から「アウトドア義援隊」に参加して、ともに支援活動を行なってきた仲間でもある。私はその計画に賛同して、協力することを約束した。

施設の建設資金をこれから集めるという彼らに対して、私はそれでは時間がかかりすぎると考え

女川の避難所となった保福寺の子供たちに手品を見せる筆者

て、費用の全額をモンベルで負担することにした。

宮城県南三陸町から内陸に20キロほど入った登米市に５２０坪の土地を取得し、この地に８部屋16人程度が入居できる集合住宅を建設した。

地元の材木を使い、地元の工務店や大工さんにお願いして建てた、温もりのある木造建築。この建物を彼らは「手のひらに太陽の家」と命名した。当初は被災者のための保養施設として、とりわけ福島の子供たちや母子家族を優先して利用していただくことにした。

われわれはまた、ＷＷＦの協力を得て屋根にソーラー温水器を設置するなど、この施設を循環型自然エネルギーのモデルハウスにしたいとも考えた。このほかにもバイオマスボイラーによる暖房給湯施設の設置など、多くの企業や団体の支援をいただいた。

支援は国内にとどまらず、私の第二の故郷ともいうべきアイガー山麓の村、スイス・グリンデルワルトの村民からも多額の寄付をいただいた。

運営は、当初は「ＮＰＯ法人日本の森バイオマスネットワーク」が中心となって行なっていたが、一定の役割を果たした後、２０１４年４月からは「一般社団法人くりこま高原自然学校」が主体となって、子供たちを対象にした自然体験学習施設として運営を続けている。施設周辺には、北上川や栗駒山、さらにはラムサール条約に登録された沼地もある。自然豊かなこの立地を利用して、「自然学校」や「森の幼稚園」など、次の世代を担う子供たちの自然体験教室として利用していきたいと考えている。

アウトドア義援隊の被災地支援基地となったシンボリックなこの地で、震災の体験で得た多くの教訓を後世に語り継ぎたい。野外活動を通じて習得する知恵と、大自然の中で求められる謙虚さ。困難に直面したときに一歩踏み出す勇気と自らを信じる力。その自信が、他人を思いやる心も教えてくれるだろう。

「手のひらに太陽の家」が、「復興住宅」としての役割を一日も早く終えて、子供たちに生きる力を教える「自然学校」に生まれ変わる日が来ることを願うばかりである。

障害者カヌー教室でパドル操作を教える筆者

■社会活動への原動力

モンベルでは、阪神・淡路大震災や東日本大震災での「アウトドア義援隊」のような災害支援活動のほか、障害者施設や障害者個人の活動への支援、環境保護活動や緑化活動への支援、子供の野外体験や環境学習のサポートなど、さまざまな社会活動を行なっている。

その端緒の一つは、１９９１年に開催した日本初の障害者カヌー教室「パラマウント・チャレンジ・カヌー」だった。奈良県の社会福祉法人「青葉仁会」の会合で、ポリオの障害を持った青年から「カヌーを教えて下さい」と頼まれたことがきっかけとなり、奈良県五條市を流れる吉野川において同法人との共催で障害者対象のカヌー教室を開催したのだ。

以降、フリースのあまり生地を使ったぬいぐるみの縫製など、授産事業を通じた障害者支援活動が続いている。

2005年には、失敗を恐れず果敢にチャレンジする挑戦者を支援する「モンベル・チャレンジ・アワード」を創設した。この賞の目的は、自然を舞台として人々に勇気と希望を与える活動を讃え、彼らのチャレンジをサポートすることにある。冒険や挑戦を表彰する賞は日本にもあるが、モンベル・チャレンジ・アワードの特徴は、すでに偉業を成し遂げた人ではなく、現在進行形の挑戦者たちを支援している点にある。

これまでに6人、1プロジェクトに授与している。手作りボートで大航海にチャレンジしている中島正晃さん（第1回受賞）、がんの治療を続けながら世界を走り続けるシール・エミコさん（第2回受賞）、犬ぞりで北極圏を冒険する山崎哲秀さん（第4回受賞）などの「冒険家」と呼ばれる人たちのほか、アフガニスタンで医療活動や水源確保事業などを行なう「医師」の中村哲さん（第3回受賞）、コスタリカを拠点に研究を続ける「探検昆虫学者」の西田賢

第1回受賞者、中島正晃氏

司さん（第5回受賞）、NPO法人「森は海の恋人」の理事長を務める「カキ漁師」の畠山重篤さん（第6回受賞）など、その肩書や活動は多彩である。

2008年には、アワード受賞者のシール・エミコさんを継続してサポートする目的で、「シール・エミコ支援基金」を設立した。

こうした活動を見れば、いかにもモンベルは「CSR活動に力を入れている企業」だと映るかも

第2回受賞者、シール・エミコさん

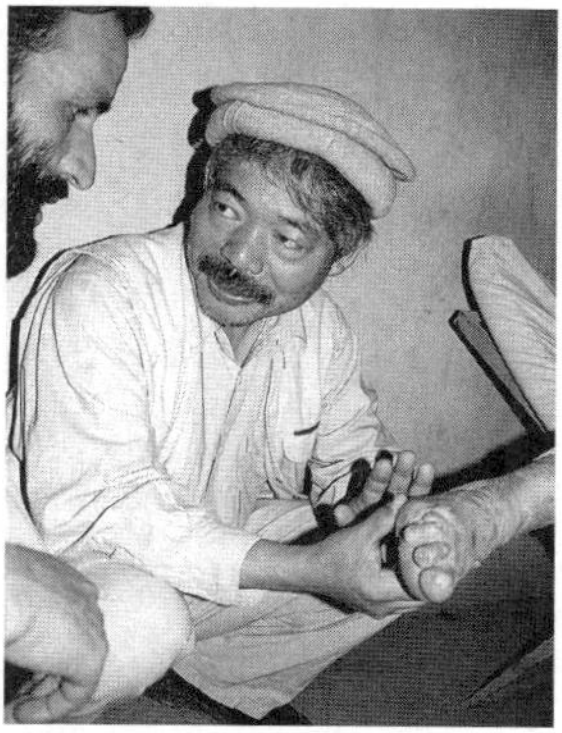

第3回受賞者、中村哲氏

第4回受賞者、山崎哲秀氏

しれないが、われわれは特段にCSR活動を熱心に意識しているわけではない。それぞれ活動の動機は、思い付きの単純なきっかけであることが多い。支援を必要としている人がそこにいて、たまたまわれわれがその手助けができる立場にあったという、まさにご縁のようなものだと私は考えている。

モンベルという企業のオーナーであり経営者の立場にある私は、会社組織の協力を頼むことで、

第5回受賞者、西田賢司氏

第6回受賞者、畠山重篤氏

第7回受賞者、手のひらに太陽の家プロジェクト
(代表の佐々木豊志氏)

個人が成しうることよりは大きな影響力をもって活動できる。

私の思いは常に、「やらないことで、後悔したくない」ということにある。阪神・淡路大震災も、東日本大震災も、あとから後悔したくはなかったから、私は支援活動に飛びこむ選択をした。

Do not worry. Just do it. Do not regret !

（心配ばかりしないで、やってごらんなさい。そしてその結果を後悔しないで下さい）

これは私が好きな英語のフレーズだ。

人は常に考え、自分の歩む道を自ら選んで行動する。私は、自ら下した選択に後悔しない人生を生き抜きたいと願っている。

第7章

山岳雑誌「岳人」発刊——第8の決断

■「岳人」の出版事業を継承

２０１４年8月12日、新生「岳人」が書店に並んだ。発行元は、モンベルグループの株式会社ネイチュアエンタープライズだ。中日新聞社が67年の長きにわたって発刊してきた「岳人」の出版業務をモンベルグループが引き継ぐことになって、わずか4カ月後の発刊だった。

ことの発端は、同年1月に中日新聞東京本社の事業局長がモンベル本社を訪ねてきたことに始まる。

「長年お世話になりましたが、今年の8月号で休刊したいと考えています」

一般に、業界で「休刊」は「廃刊」を意味する。

「そうですか……」

私は一瞬、言葉を失った。

「岳人」は、同社が発行する日本を代表する月刊山岳雑誌で、私も若いころから愛読していた。モンベルを起業してからは、広告の出稿や商品紹介など誌面で取り上げてもらうことも多かった。事業局長は、クライアントでもあるモンベルに休刊を伝える事前のあいさつに来られたのだ。

「……モンベルで引き受けましょうか？」

決して無責任な社交儀礼ではなく、とっさに「決断」した私の思いだった。「決断」はときとしてこのように瞬時に行なわれる。

これまで本書で示してきたように、モンベルを創業して以来、私は少なくとも7つの大きな決断をしてきたと自覚しているが、この決断は「8つ目の決断」と言えるほど、私にとっては大きな意味を持つ。その理由は以下のようなものだった。

- 伝統ある「岳人」の編集と出版を引き継いで、これまで長年愛読してきた読者の期待に応えることができるのか？
- モンベルという特定の登山用品メーカーが出版して、支持が得られるだろうか？
- 月刊誌という、延々と毎月締め切りに追われ続ける作業が貫徹できるのか？
- 中日新聞が苦戦したほどの事業を継承して採算が取れるのだろうか？

かつて経験したことのない課題が山積する中、あえて自ら火中に飛び込んでいくような、そんな決断だった。もとより私自身、安易な道を選ばず、むしろリスクをとっても困難な道を選択する性癖があることを自覚しているが、この「岳人」継承もまさにそんな私の行動基準がなせる選択だったのかもしれない。

紙媒体による活字離れがささやかれる昨今、インターネットの普及とともに、登山に関する情報も容易に入手できるようになった。そんな時代に雑誌の持つ役割があるのか？　その存在意義の将来に疑問を呈する人も少なくない。

しかし私は、紙媒体の「岳人」が担うべき役割があると信じている。一冊の本を手にしたときの手触りや、ぱらぱらページをめくるときに漂う印刷の匂いに愛着を感じるのは私だけではないだろう。月刊誌といえども、本棚に並べていつまでも手元に置いておきたい装丁。雑誌や書籍は、単に情報を提供する媒体としての役割だけではなく、一冊そのものが商品であり作品となる。私は「岳人」をそんな雑誌にしたいと考えた。

それに何より、事業局長から話を聞いたとき、私の中の好奇心の虫が騒ぎだした。

「ほかの人がやれないなら、やってみたい」

そんな私のチャレンジ精神に火がついたのだ。

■表紙には畦地梅太郎さんの版画

表紙には、私が愛してやまない版画家、畦地梅太郎さんの作品を使わせていただくことにした。数ある彼の作品の多くは山と人がテーマだ。厳しい雪山に生息する雷鳥や、彼の家族の笑顔あふれる温かい人物も描かれている。まさに新生「岳人」のテーマとしては打ってつけのイメージだとひらめいた。

私は早速、東京都町田市の畦地さんのギャラリー「あとりえ・う」の畦地さんの長女・美江子さんに連絡した。すると彼女は「実は以前にも岳人の表紙にしたいというお話がありましたが、実現しませんでした。畦地の大ファンでもある辰野さんが岳人を発刊されるのなら、喜んでお受けします」と即刻快諾してくれた。

雑誌を一つの作品、商品として考えたとき、誌面の内容は無論のこと、表紙のイメージは極めて重要である。多くの雑誌が並ぶ書店において、表紙にそれ相応の主張を持ったインパクトがなければ、そもそもその雑誌を手にとってもらうことはできない。

今、書店に並んでいるほとんどのアウトドア雑誌の表紙には、登山やハイキングを楽しむ人物や、クールに決め込んだカッコいい人物の写真が使われている。その写真の人物に、読者が自らを投影して、「カッコいいな」「自分も行ってみたいな」と思わせることが、その雑誌の購買につながる。つまり、「共感」を誘っているのだ。

私自身、「共感」は雑誌を編集するうえで最も大切にしなければならないキーワードだと考え、社員たちにもそのように言い続けている。読者が雑誌を手にして「読んでみたい」と思うのは、どこかに自分の求めるものと共感するものがあるからだ。その意味で、アウトドア雑誌の表紙に楽しげな（あるいはカッコいい）人物の写真を使用するのは理にかなっている。

そして、それら月刊誌の表紙には、特集記事のタイトルや内容の粗筋が、大きな活字で踊っている。書店の店頭に並べられたおびただしい競合雑誌の中から一冊を選んでもらうには、無論、他誌よりも目立たなければならない。だからこそ「役に立つ情報を満載していますよ」とアピールしているのだろう。

ただ、各社すべての雑誌が色とりどりに狭い本棚で主張しあうことで、その効果は相殺されてしまう。共感を誘おう、目立とうとするあまり、かえって逆効果となってしまっているのだ。

新生「岳人」は、そうした従来のアウトドア雑誌とは一線を画したい。

私がめざす「岳人」は、特集記事によって選ばれるものではなく、定期購読で楽しんでもらえる雑誌にしたい。毎月どんな誌面が送られてくるのか、読者に楽しみにしてもらえる雑誌にしたいとも考えている。

畦地さんの版画は、山をテーマにした極めて普遍的な共感を与えてくれる。ゆえに新生「岳人」の表紙として最も相応しい。内容は、次々変化してもよいと思っている。むしろ変化するのが自然であり、「岳人」が未来永劫継続し続けるための必要条件ともいえる。

新生「岳人」の表紙（右）と特集記事の扉ページ（左）

発刊後、書店の店頭で数あるアウトドア雑誌の傍らに積まれた新生「岳人」を見つけたとき、私は「自分の考えに間違いはなかった」と一人悦に入っていた。

■新生「岳人」がめざす先

「岳人」の創刊は１９４７年（昭和22年）、奇しくも私の誕生年と同じ年である。

そもそもこの雑誌は、京都大学山岳部の会報誌として始まった。その後、名古屋に本社を置く中日新聞社が引き継いで発行を続けてきた。以来およそ８００号、67年の長きにわたって、まさに岳人たちの情報誌としてその責務を担ってきた。

私も若きころ、命がけで未踏の岩壁に挑み、初登攀の記録を「岳人」の記録速報に記載してもらうことが、クライマーのステイタスを満たす目標だった。「剱岳源次郎尾根一峰下部平蔵側中谷ルート初登攀」や「逆くの字ルンゼ奥壁初登攀」「厳冬期の前穂高北尾根屏風岩、鵬翔ルート登攀、雲稜ルート初下降」「同、緑ルート登攀、鵬翔ルート初下降」など、岩壁のルート図を作成し、登攀記を書いて投稿した。

今振り返れば、ささやかながらも自分の思いを文章にしたためる習慣が、このとき身に付いたように思う。そんな執筆体験を通じて、山には、歴史があり、物語があり、文学があり、ときには哲学や思想ともいうべき領域に達することさえあると気づかされた。

ときを経て時代が移り、国内は言うに及ばず、世界の主な未踏の山頂はすでに登られて、困難な岩壁の登攀ルートも登り尽くされた感がある。そんな中にあって、先鋭的な登山や冒険に対する価値観も変貌してきた。しかし、いかに山に向かう登山者の志向が変わったとしても、凛と聳える「山」そのものは何一つ変わらない。

私は、そんな永久不変の山の魅力を読者に伝えたいと考えている。

無論、従前の「岳人」読者に応えるために、インターネットでは入手できないコアな登山情報も掲載するが、むしろ「読み物」として、また「写真集」として、読みごたえや見ごたえのある内容にしたい。

思いは、僭越ながら「山の文藝春秋」あるいは「山のナショナルジオグラフィック」をめざしたいと思っている。

新生「岳人」が発行される前、モンベルフレンドフェアの会場で、来場してくれたモンベルクラブの会員に向けて、われわれが「岳人」を引き受けることになった経緯と、新生「岳人」編集への私の思いを説明した。演壇を下りたあと、一人の女性が私に近づいて声をかけてきた。

「岳人の発行、頑張ってください」

その眼には、うっすら光るものがあった。

「ありがとうございます。頑張ります」

「数年前、交通事故に遭って以来、ずっと楽しんできた山登りが思うようにできなくなってしまったんです。そんな私でも楽しめる雑誌を作ってください」

私はこのとき確信した。山はあらゆる人に勇気と希望を与えてくれる。

時代の最先端を行く現役のクライマーにも、すでに現役を退いた往年の登山家たちにも、さらにこの女性のような心で登る登山愛好家にも楽しんでもらえる雑誌——山を愛するすべての人が、山を想い、山に癒される雑誌をめざしたい。

私は、ロッキングチェアに揺られながら、送られてきた「岳人」を手にして読みふける自分の姿を想像していた。

■編集スタッフの募集

とはいえ、かぎられた時間の中で、私の思いを実現する雑誌を完成させることは至難の業だった。中日新聞社との引き継ぎ契約を3月末に締結して、わずか4カ月後の7月には同社が発刊する「岳人」が8月号をもって終了することが決まっていた。その翌月の8月には新生「岳人」を創刊しなければならなかったのだ。

一つの選択肢として、新生「岳人」の創刊を遅らせることも考えた。

私が最初に指名した社員からは「無理です。私にはできません」ときっぱり断られた。出版担当部署の社員からも「出版を遅らせましょう」「時間をください」という声が上がった。商業雑誌の出版実績のない彼らの意見はもっともだった。モンベルクラブの「OUTWARD」は年4回の季刊誌だし、あくまで会員向けの情報誌だ。全国の書店に並べる商業月刊雑誌とは、責任の重さは大きく異なる。

しかし条件の厳しさは、私を含めたすべてのモンベル社員にとって同じである。大事なことは、「できるか、できないか」ではなく、「やるか、やらないか」の選択なのだ。思いのない社員はメンバーから外した。

「岳人」の編集会議の様子

「岳人を継続するなら、一時も中断してはならない」

これが私のこだわりだった。

理由の一つは、発刊をひと月でも中断して空白期間を作ってしまえば、それはもはや67年間続いた「岳人」ではなくなってしまうと考えたからだ。その思いは私だけではなく、きっと読者もそう感じるに違いない。

二つ目は、これまでのビジネスの経験上、この種の新規事業は時間をかけても結果は大して変わらないことがわかっていたからだ。むしろ「やるしかない」と自分を追い込んで集中してことに当たったった方がいい結果を生む。そして、モンベルの社員には「やる」と決めた覚悟に応える能力があると信じていた。

大事なことは、このプロジェクトに好奇心をもって参加したいというパッションがあるか否かである。新生「岳人」創刊は、社員が情熱を燃やすに値するプロジェクトだと私は確信していた。

すぐに私は新生「岳人」プロジェクトに参加したいという社員をモンベル社内に募った。すると、多くの社員から申し出があり、選考に苦慮したほどだった。私はその中から4人の社員を選んだ。

中日新聞の「岳人」からも一人の編集者がモンベルに移籍してくれた。さらに、関西を中心にした登山やハイキング雑誌の編集経験を持つメンバーが加わってくれた。関東からも、東京での新生「岳人」の記者発表で私の話を聞いて、釣り雑誌などの編集経験を持つライターが「現職を辞めても、ぜひとも岳人の編集に加わりたい」と熱い思いで申し出てくれた。自ら編集長を買って出た私を含めて、総勢8人の船出となった。

これまで私は、社長や会長といった企業を代表する役職や、大学客員教授、福祉や教育に関わる公益法人の理事、評議員などのいくつもの役職を引き受けてきたが、さすがに「雑誌編集長」の肩書を背負うのは初めてだ。67歳、そろそろ背負ってきた荷物を下ろしはじめようと考えていた矢先の出来事だった。

■新生「岳人」出版事業の採算

登山用具メーカーであるモンベルが「岳人」の出版を継承することは、傍から見れば「無謀」以外の何物でもないかもしれない。

しかし、私にとってこの決断は、決して五分五分の賭けではない。少なくとも六分の可能性があった。なぜなら、「岳人」の編集資源はすでにあったし、これまで発行を継続してきた実績もあるのだから、それを引き継いで一定の雑誌を作ることはできると考えた。ただし、私がめざす新生「岳人」にどれだけ近づけられるかは未知数だった。一時も中断せずに発刊を継続しながら、一年かけて新生「岳人」の誌面を完成させる。これが私が思い描いているプランである。

一方で、出版という新たな事業を考える中で、雑誌のあり方や書店での流通形態に多くの課題が見えてきた。

出版業界の伝統的な流通システムに依存した販売では、流通経費がかさみすぎて、実売収入だけでは編集制作費を賄うことができない。ゆえに、雑誌にとって広告収入が不可欠となる。しかし、モンベルが発刊する雑誌に、競合メーカーからの広告は望めない。この点において、われわれは大きなハンディを背負っての事業展開となる。

さらに、雑誌はたいてい、毎月工夫を凝らした特集を組む。たとえば「富士山特集」ならば、近日富士山に登る予定がある登山者か、何らかのかたちで富士山に興味のある読者がその雑誌を購入する。逆を言えば、その特集内容に興味のない人は雑誌を買ってくれないということだ。すなわち、特集の内容によって、売れる月とそうでない月のギャップが生じてしまう。経営的に見れば、その状況はやはり望ましいことではない。

また、出版社が制作した雑誌は一般的に取次と書店を経由して、読者の手に届く。この流通システムによって多くの読者に雑誌を届けることができる反面、日本全国の書店に膨大な数の雑誌を並べて販売するため、月末には売れ残った大量の雑誌の返本を受けることになる。結果、業界で「自動断裁」と呼ばれる廃棄処分にされる。これは大いなる資源の無駄使いであり、同時に経済的なロスは膨大な金額になる。その負担は、めぐりめぐって読者、すなわち消費者が支払うことになる。

この構造は、モンベルの本業であるアウトドア業界がかつて抱えてきた問題とも共通している。本書で述べてきたように、私はこれまでアウトドア業界で常識とされてきた流通の慣習を打ち破ってきた。それはユーザーのため、業界の未来のためである。ならば、出版流通においても同じことができるのではないか。それが容易ではないことは、40年の企業経営を通じて十分すぎるほどわかっている。しかし、「きっと方法はあるはずだ」という根拠のない自信も私の中にはある。

もし「年間定期購読」によって読者の支持を得ることができれば、経済的にも環境資源的にも無駄がなくなるのではないかと私は考えている。

アウトドアスポーツの先進国であるアメリカにおける雑誌の販売は、ほとんどが年間定期購読の方式をとっている。あの広大な国土の書店に月刊誌を並べて、毎月末に売れ残った雑誌が返本されるとしたら、あまりにも無駄が多すぎるからだ。

「岳人」も、仮に１万人の定期購読者がいれば、広告収入に頼らない制作体制を維持できる。また、経済的、環境資源的な無駄が省けて、１円でもコストを下げた販売価格を設定することができる。40年かけて築き上げてきたモンベル直営店をはじめとする販売チャンネルを窓口として、モンベルクラブ会員50万人のうち２パーセントのユーザーから支持を得ることができたら、「岳人」の出版事業は存続できる。

さらに、全国の書店の店頭では、徹底した在庫管理で数量調整を行なって、返本ゼロをめざす。

そして、これらのことを実現するには、言うまでもなく新生「岳人」の誌面の充実が求められる。

これがモンベル創業40周年を間近に控えた私の「岳人編集長」としての新たなるチャレンジである。

第8章

モンベルの経営流儀——決断を支える哲学

■創業者の企業経営は「アルパインスタイル」

人生を登山にたとえる人がいる。たしかに重い荷物を背負って頂上をめざす登山行為は、さまざまなしがらみを背負って、目標に向かって格闘する人生に似ているかもしれない。共通して言えるのは、自らの意志で歩いてこそ、その道のりを楽しむことができるが、もし誰かの命令で歩かされるとしたら苦痛以外の何物でもないということだ。

会社経営も登山に酷似しているように私には思える。両者の最も大きな共通点は「リスクマネージメント」の重要性だろう。常に最悪の状況を想定したうえで、準備して、行動する。無論、自らが立てた目標に向かって、自分の意志で活動する点においても、その原動力となる熱意は同様に求められる。

現役時代の私の登山スタイルは「アルパインスタイル」と呼ばれる少人数（たいてい2人）で頂上をめざす登山方式で、リーダーがトップに立ち、ルートを選んで登っていく。前人未踏の困難なルートに挑むときは、それが最も効率的で確実なクライミングメソッドである。グループで一番力を持ったリーダーが仲間を引っ張って行くことで、続くメンバーは迷いなく頂上に向かって歩み続けることができるからだ。

コロラド川グランドキャニオンの激流をカヤックで下る

黒部川源流部から河口までカヤックで初下降した。写真は黒部川下ノ廊下の落差6メートルの大滝

会社経営もよく似ている。とりわけ、創業者にはカリスマ的なリーダーシップが求められる。前例のないさまざまな問題を手際良く解決しながら、進むべき道を選択して行動し続けなければならないからだ。そうした創業者としての素養を、私の場合、アルパインスタイルの登山経験を通じて培うことができたのかもしれない。

やがて歳月を経て世代も代わり、先人の踏み固めた道を隊列を組んで歩くようになれば、リーダーは先頭を行くのではなく、最後尾のしんがりから隊の全体を見て、進む方向を示すことになるのではあるまいか。

創業40周年を間近に控えたモンベルも、そろそろそんな段階を迎える準備をしなければなるまい。次に続く後継者たちは、時代背景を俯瞰で見つめ、会社の進むべき方向を見定めて、必要とあらばやらねばならない「決断」を下す覚悟が求められる。

本書に書かれた「決断」でさえ、それはもう過去の出来事にすぎない。しかし、彼らが迷ったとき、本書に示した「決断」をひもといて、その真意を検証してもらいたい。これまでもそうであったように、常に前例のない問題に立ち向かう気概を忘れてはならない。現在が過去から引かれた延長線上にあるのと同様に、未来は現在の延長線上にあるのだから。

■社員の能力が経営者の能力

たとえ経営者が進むべき道を示すことができたとしても、それを実践するのは社員たちである。幸い、モンベルには「志」の高い社員が大勢いる。彼らは能力が高いだけでなく志も高い。そんな彼らの努力があってこそ、私の思いは実現できる。いや、実は「実現させてもらうことができる」と言ったほうが正しい。

正直、私一人の力など、彼ら一人一人の能力と比べれば、取るに足らないものだと自覚している。ただ、「経営者」「リーダー」という立場にあるがゆえに、思いを実現できるに過ぎない。経営者の思いも、それを実現してくれる社員がいなければ成就しない。ゆえに私は「社員の能力が、経営者の能力」と言うのである。

これまで下してきた「決断」は、まさに彼らの行動に支えられてきた。「起業」に始まり、「海外進出」「パタゴニアとの決別」「直営店開業」「価格リストラ」「モンベルクラブの発足」「アウトドア義援隊」、そして「岳人の発行」。そのときどき、ともに頑張ってくれた仲間たちがいた。

近年は、業務の効率化をはかる名目で、外部業者にアウトソーシングする企業が増えた。しかし、モンベルの基本理念は「何事も自分たちの手で取り組む」ということだ。

創業3年目に西ドイツへの海外輸出が決まったときも、営業担当だった工藤裕章（現・常務）が近畿通産局（当時）に何度も足を運んで貿易実務を一から勉強して、自力で輸出手続きを完了させた。

「どんなプロも、最初の1日目がある。そして今日がその一歩なのだ」

これがモンベルのモットーである。

インターネットでの通信販売を始めるときも、当時創業して間もなかった「楽天」の三木谷社長から「楽天の通販システムを使いませんか？」と誘いを受けたが、私は独自のシステム開発を選んだ。無論、私にコンピュータやインターネットの知識があったわけではない。それでも社内で努力して、そのノウハウを構築しなければならないという確信があった。その判断は、経営者が嗅ぎとる「匂い」とでもいうべき直感だった。そんな私の思いを受けて、時間と経費はかかったが、社員たちは見事に独自の通信販売システムを実現してくれた。

M.O.C.やフレンドフェアのイベントも、すべて社員の創意工夫とチームワークで実施してきた。加えて、イベントを開催するにあたって、必要となるであろう「保険代理業」や「旅行業」の資格を、経験のない一人の女性社員が独学で取得した。会社が命じたわけではなかったが、彼女はその

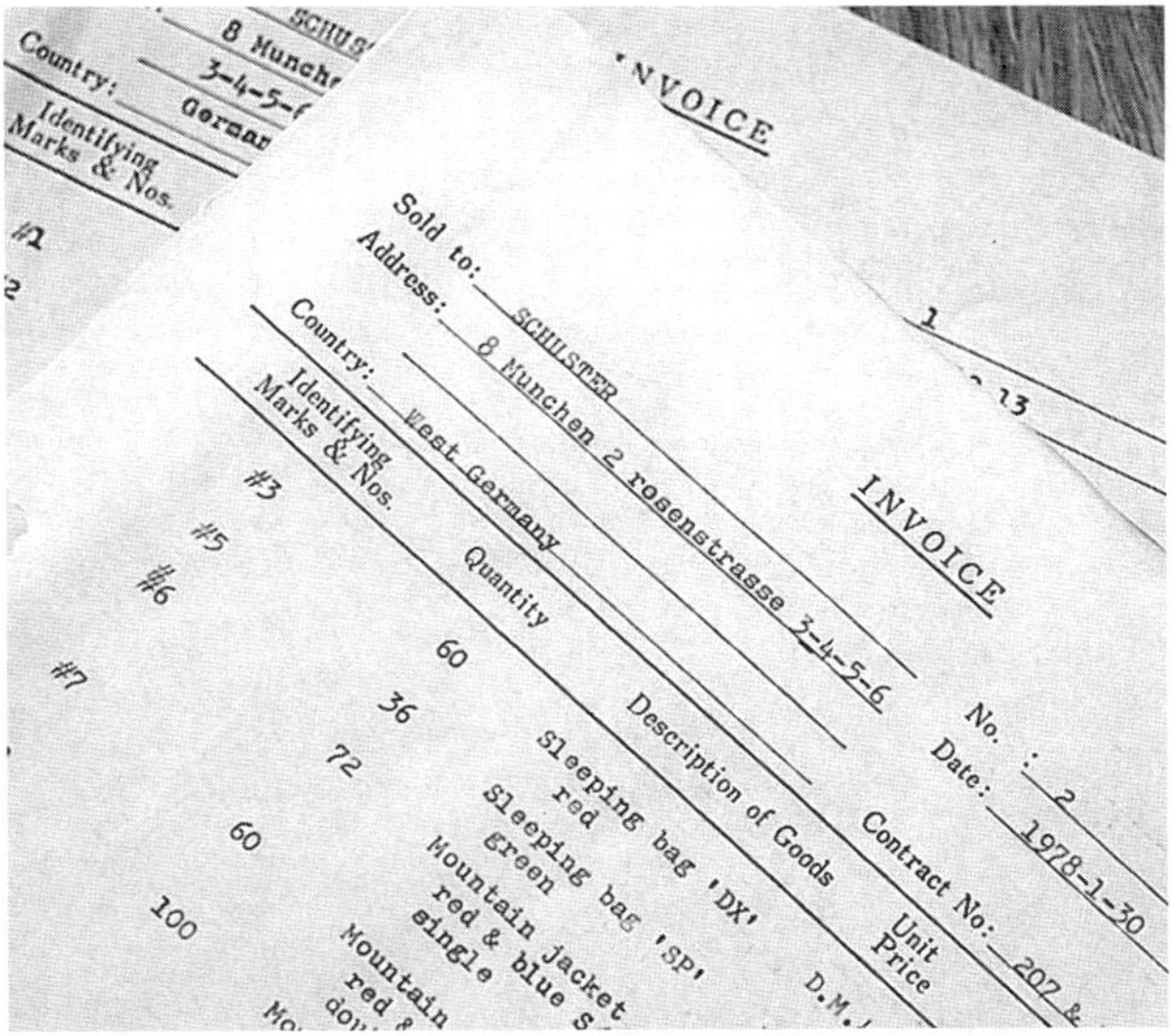

シュースターへの最初の出荷のインボイス（貨物明細書）

年に一度の創立記念の社員会。社員全員が集まる会場で自らの思いを語る著者

必要性を自覚して提案してくれたのだ。

こうした一つ一つの積み重ねを通じて彼らは達成感とともに自信を身につけていき、私にとっては最強と誇れるプロ集団ができあがっていったのだ。

中には、思いを実現するまでに少なからず時間のかかったこともある。

モンベルクラブの会報誌「ＯＵＴＷＡＲＤ」は、最初に私が「やろう」と現場に投げかけてから、実現するまでに実に10年かかってしまった。モンベルクラブを立ち上げた当初から、私は会報誌の発行は不可欠だと考えていた。しかし、当時の現場には、それを具現化するだけの能力がなかったのだ。あるいは、私がその重要性を現場に伝えきれていなかったのかもしれない。「社員の能力が、自分の能力」なのだと、ふがいない自らを納得させていた。

しかし私は、できないからといって諦めたわけでも、忘れていたわけでもない。現状を甘受しながらも、その日が来るのを待つ。ときには「辛抱強く待つこと」もリーダーの務めなのだと気づかされることがある。

「ＯＵＴＷＡＲＤ」は発案10年後の１９９６年に創刊し、以来現在に至るまで年４回の刊行を続けている。

アメリカ市場のビジネスも、直営の現地法人「Montbell America, Inc.」を設立してから10年間の試行錯誤を経て、ようやく現場が私の思いを理解してくれた。すなわち、ボルダーやポートランドをベースに直営店とウェブ通販によるダイレクトマーチャンダイズの経営方針である。BtoBの伝統的なビジネス手法に囲まれながら日常業務をこなす現場で、彼らは目先の売り上げに執着するがゆえに、一歩踏み出すことを怠っていた。

「何かを得るためには、何かを捨てる覚悟がいる」

リーダーはその選択を「決断」というかたちで断行する信念が求められる。そして、その目的と意義を社員に伝える力が試される。

■日本型経営の美徳

2008年、アメリカのサブプライムローンに端を発して、世界中に吹き荒れた金融危機。そのあおりを受けて、その年の暮れから新年にかけて、日本国内各地で巻き起こった派遣社員の契約打ち切り、大手企業のリストラはすさまじかった。

昨今、この国のありようが「何か、おかしくなってきた……」と感じていたが、あのときのリストラ劇で、その疑問がはっきり見えたように思える。

「ジャパン・アズ・ナンバーワン」などと日本型企業経営の優秀性がもてはやされたことを、ついこの間のことのように私は記憶している。

そのころは、アメリカをはじめ海外の企業が「日本型企業経営の秘訣」をこぞって研究したものだ。ところが、グローバル化の名の下に、いつの間にかアメリカ型の経営ロジックが主流となった。その結果、短期完結型の収益至上主義がはびこり、経営者は株主の顔色を見て、儲けるための方法論でしか物事を考えなくなってしまった。

日本型経営の基本は、終身雇用制度にある。

無論、この制度にはメリットとデメリットがある。企業側のメリットは、お金と時間をかけて育てた人材が、資産として企業内にとどまること。逆にデメリットは、採用した社員がこちらの期待通りの働きをしてくれなかったとしても、安易に解雇できないことである。一方、社員にとっては、企業が存続するかぎり、仕事が保証されるというメリットがある。反面、どれだけ能力が高くても極端な抜擢や高給は期待できないというデメリットもある。なぜなら、優秀な社員はそうでない社員の分まで補ってやらなければならないからだ。

あるとき、アメリカのある会社経営者から、日本型企業経営について質問されたことがある。そこで私は「終身雇用制度」について説明しようとしたが、なかなか彼には理解してもらえなかった。

「もし能力の劣る社員を解雇することができなければ、企業は収益を上げられないではないか」と逆に反論されてしまった。そんな彼に、私は「じゃあ、もしあなたの子供が学校の成績が悪いからといってクビにできますか？」と切り返した。

期待する働きができない社員には、ただただ時間をかけて教えるか、その人の特性にあった仕事を見つけ出すしかない。

社会を構成する集団の最小単位は家族であり、企業である。さらに範囲を広げれば、地域や国家ということになる。日本のような小さな島国にあっては、互いが補いあい、助けあい、支えあうことでしか命をつなぐことができない社会的弱者には逃げ場がない。今日の高齢者や障害者、あるいは何らかの事情を抱えて働きたくても働けない人たちへの支援のありように疑問を抱くのは私だけではあるまい。ダムや道路がなくても人間は死なないが、社会的弱者への支援打ち切りは即刻死活にかかわる。

第1章でも書いたが、私はモンベルを創業するとき、30年先のビジネスプランを頭に描いていた。企業としての競争力をつけるためには社員の平均年齢を低く保つ必要があると考えて、毎年若い社員を受け入れ続けてきた。これはまさに「終身雇用制度」を前提にした経営思想そのものである。

私が理想とする日本型企業経営とは、ある意味で最も進んだ社会主義ではないかと思うことすらある。「国際競争が進む中、そんな悠長なことをやっていたら、世界の市場の動きについていくことはできない」という声が聞こえる。

果たしてそうだろうか？

日本の文化、風土に根ざし、培われた経営の手法こそ、長い目で見て、強い会社を育てる経営のあり方ではなかろうか？　今一度、日本人としての自信と誇りを取り戻さなければならないと痛感する。

■モンベルへの信任を計るバロメーター

２００５年、モンベル創業30周年記念社員会の演壇で、全社員を前にして私はこう話しかけた。

「30年前、会社を創業したとき、私は30年後のモンベルを想像していた。商品企画や売り上げ規模、ガイドサービスなどなど……。あれから30年を経た今、モンベルはほぼそのイメージに近い会社に成長できた。これはあなた方の協力によるものだと感謝している。では、この先30年後のモンベルをみんなで想像してみてほしい」

私は彼らにそう投げかけた。

すると、各課の代表者がそれぞれの思いや夢を、そして楽しい想像の世界を語ってくれた。それらを受けて、私は最後に自分の思いを話した。

「残念ながら30年後、私は現役ではいないだろうし、この世にいるかもあやしい。しかし、私には想像できる。もし30年後もモンベルが存在し続けているとしたら……」

　その条件はたった二つだけ。

　一つ目は、30年後もモンベルが社会から必要とされ続けていること。極めて当たり前の話だが、アウトドア用品製造会社であるモンベルにとっては、何よりわれわれの商品が支持されていること、すなわちユーザーにとって必要なものを作り続けていることが第一である。また、ささやかながらもモンベルクラブファンドを通じた災害支援や自然保護などの社会に役立つ活動も、モンベルが支持されて、存在を許される要素と考えられるかもしれない。

　二つ目は、その事業活動の採算が取れていることだ。いくら善行を行なっていても、事業として採算が取れなければ、いずれ会社は潰れる。しかし逆に、いくら儲かっていても、その事業が社会の役に立たないものなら、遅かれ早かれ淘汰される。

　社会が必要とする事業を行ない、かつその事業で採算を取る。この両者のバランスを保つことが、30年後もモンベルが存続し続ける条件なのだ。

そして、われわれが進むべき道を見誤らず、なすべき事業を行なっているかを自己診断するバロメーターは、モンベルクラブ会員の支持が得られているか否かだと私は考えている。

１５００円とはいえ、自分の意志でわざわざ直営店や銀行に出向いて、年会費を払い続けてくださるユーザーがいるかぎり、モンベルの活動は社会に認められて、存続を許されているのだと捉えることができる。

政治家は選挙における国民の一票で選ばれるが、モンベルは１５００円の年会費を払って下さるモンベルクラブの会員によって信任されている。

創業30周年の時点で、会員総数は7万人だった。その記念式典の会場で、「30年後、１００万人のモンベルクラブ会員を想像している」と社員に告げた。その思いが、彼らの心に火をつけたのだろうか。それからわずか９年の間に、会員総数は50万人を突破した。

「思い続ければ、願いは成就する」

社員たちはモンベルクラブ会員１００万人をめざして、全社を挙げて日々の仕事に専念している。

「１００万人の会員」

それが、創業40周年を目前にした今、私がこの先に見る「モンベルの未来のイメージ」なのだ。

おわりに――人はなぜ冒険するのだろう

青春期、といっても40代の前半まで、私は山や川など自然を舞台に、ときには命がけのリスクをともなう冒険に夢中だった。多くの仲間を山で失い、「明日は我が身」と覚悟を決めていた。自らあえて危険な状況に身をおきながら、

「人はなぜ冒険するのだろう?」

という自問自答が私にはあった。

1992年、アメリカ東海岸のフリースメーカー「モルデン・ミルズ」が主催する「冒険大賞」の選考委員を引き受けた。世界中から冒険をめざす若者たちが応募してきて、その中からこれぞという計画を選んで賞金を授与する。

この種の賞は日本にもあるが、たいていの場合はその活動が実行された「結果」を評価する。計画の段階で与えられるケースは少ない。その理由はいくつか考えられる。第一に、危険な冒険計画を支援して、もし当事者が失敗して命を落としてしまったら、計画を支援した責任が問われるのではないかという心配だ。また、その計画が本当に実行されるかどうかという懸念もある。結果を見たうえで評価したほうが、主催者としては安全で確実なのだ。しかし、彼ら挑戦者が本当に資金を必要とするのは冒険に出かける前であって、終わってからでは遅い。素晴らしい冒険計画を支援するならば、計画を実行するための支援をすべきだというのがアメリカの「冒険大賞」に対する考え

である。

私自身も若いころ、困難な海外登山の計画を立てたが、渡航費の捻出に苦労した。装備提供の支援を得ることさえ大変だったと記憶している。

どうやら日本は、リスクをともなう冒険を支援する社会風土が希薄なようだ。冒険に挑戦して不幸にも遭難した若者に対しても、日本のマスコミの論調は概して批判的だ。「失敗を恐れずチャレンジしろ」と口では言うが、いざ遭難すれば世論は厳しい。そんな社会では、限界に果敢に挑戦しようとする若者は育つまい。

冒険の成否は本人の責任であり、最も大きな代償を払うのも本人なのだ。大切なのは「その計画をいかに正当に評価するか」だと私は思う。

「冒険大賞」の選考委員は、主催国のアメリカは言うに及ばず、イギリス、ドイツ、フランス、イタリア、カナダ、そして日本と世界中から選ばれていた。

あるとき、アメリカ人の選考委員の一人で、ミシガン大学の心理学の先生に、冒険に対して私が抱き続けていた疑問を漏らした。

「人はなぜ冒険するのだろう?」

すると彼は、「タツノ、君のように他人のやらないことを命を懸けてでもやろうと思う人間は、そう多くはいないんだよ。せいぜい全人口の0・5パーセント足らずで、他の99・5パーセントの大多数は安全で快適な生活を求めているよ」と言った。学者である彼の言葉には説得力があった。彼はさらにこう続けた。

「突然変異のような『冒険心』を持った人間を神様が作られて、彼らが人間の限界を切り開いてきた。そしてその行為は、自然を舞台にした冒険にかぎらず、あらゆる分野で実践されてきた」（これを英語で〝Leading edge〟という）

そんな先駆者がいたからこそ、少なくとも「人間」にとって安全で快適な社会が今日実現されたというのだ。たとえば医療の分野で、ジェンナーは我が子を実験台にして種痘を発明したし、野口英世は黄熱病治療に自らの命を捧げた。まさに彼らこそ偉大なる冒険者たちなのだ。決してお金のためではない。未知への好奇心と探究心が彼らを動かしたに違いない。

長年持ち続けていた疑問――「人はなぜ冒険するのか？」への答えが、神様によって与えられたものだとすれば、それを素直に受け入れるしかあるまい。少なくとも、そんな「冒険心」が人に与えられたからこそ、人間の社会が他の生物のそれと比べて、これほど飛躍的に進化したのは事実である。

一方、北海道で長年獣医をされてきた竹田津実さんが、あるとき興味深い話をしてくれた。蟻の話である。蟻は勤勉な働き者の代表としてイソップの童話にも登場するが、実際に観察してみると、みんながみんな一生懸命に働いているわけではないという。

「集団の中で本当に働いているのは8割で、他の2割の蟻はサボっている。しかし、2割のサボり蟻ばかりを集めて一つの集団を作ったら、その内の8割がせっせと働きだした。逆に8割の働き蟻だけの集団を作ったら、とたんにその内の2割がサボりだした。とかく自然の仕組みとはそんなものだ」

もっとも、人間は蟻ではないので知恵を使う。放っておいたら8割しか働かない蟻を、何とかしてすべてを「働き蟻」に仕立て上げようと工夫する。

古くは戦国時代、一番槍で敵陣に乗り込む武将に対して褒章を与えてやる気を出させた。

勤勉なDNAを受け継いできた日本人に対するわが国の教育は、その意味において成功したように思う。しかし他方で、アメリカの学者が述べたような「冒険心」を持った数少ない人間に対しては光を当ててこなかったように思えてならない。おそらく日本では、0・5パーセントはおろか、0・1パーセントにも満たないかもしれないチャレンジャーに対して、たとえ失敗しても挑戦した行為そのものを評価する社会風土を作る努力をしてこなかったように思う。

グローバル化が進み、多様化が求められる現在、日本社会がやらなければならないのは、失敗を恐れず、他人のやらないことに挑む人間を評価して支援する仕組みを作ることではあるまいか。

「起業家」もまた、そんな「冒険家」と共通する精神性を持ち合わせている。ゼロから事業を築き上げる作業は、まるで前人未踏の岩壁に挑む冒険家のそれに似ている。計画を立て、最悪の事態を想定しながら、なすべきことを粛々と実行していく。

「起業」も「冒険」も、目的を成就するための行動が大切だが、行動以前にもっと重要なのが行為の「目的」を明確に自覚することである。すなわち、企業活動に対する評価は、冒険に対する評価と同様、何を目的にするかにかかっている。

私が最も尊敬する経営者の一人、槇英雄さんが生前に「リーダーの心得」について話してくださった。彼は四国の夜間中学から東洋レーヨン（現・東レ）松山工場に入社して、その後、デュポンの極東最高責任者にまで上り詰めた国際的なビジネスマンである。モンベルを創業して間もないころ、新米経営者の私を気にかけてくれて、何かと仕事の話をして下さった。

その日はアメリカ人スタッフとの会食だったので、英語での会話だった。

それは「A Story of Three Brick Layers（3人のレンガ積みの話）」である。

3人のレンガ積み職人が、それぞれレンガを積んでいた。そこに男がやってきて、「あなた方は何をしているのですか？」と尋ねた。すると最初の職人は「見ての通り、レンガを積んでいるんだ

の職人は「レンガを積んで、壁を作り、それがやがて大聖堂になります。子供が大きくなったとき、この教会のレンガは私が積んだのだと教えて、見せてやるのが楽しみです」と答えたという。

この3人が行なっている行為、すなわちレンガを積むという行動は同じだが、一人目の職人と、3人目の職人の「人生の質」は大いに異なる。一人目の職人は親方から「レンガを積め」と命じられ、ただただレンガを積んでいた。それに比べて3人目の職人は、レンガを積む行為の先に、何を作っているかという目的と意義を明確に自覚している。

槇さんは「社長業というリーダーの仕事は、会社の事業の意味と目的を明確に社員に示すこと。それがあなたの最も大切な仕事なんだよ」と教えて下さった。

「では、何を目的にして会社を経営するのか？」

自問自答を重ねた私は、次のような答えに思い至った。

「描くべき目標は、事業の成功ではなく、人生の成功なのだ」

あるとき、四国の取引先小売店の主人から「辰野さん、モンベルも随分大きく成長しましたが、この先、どんな会社をめざしているんですか？」と尋ねられた。

どんな会社をめざすのか？　質問するのは容易だが、答えるのは難しい質問だ。こんなとき、私は逆に相手に尋ね返すことにしている。「あなたの会社はどうですか？」と。そうすれば、相手が答える内容によって、私への質問の意図もおよそつかむことができる。

彼は、「うちは小さな小売店だが、日本一とはならなくとも、四国で一番のアウトドアショップにしたいと考えて日々頑張っているんですよ」と答えた。そこで負けず嫌いの私はすかさず、「モンベルを世界一にしたいと考えています」と答えた。

ただし、この会話では、前提となる「一番の定義」が定かではない。小売店の主人が言う「四国で一番」とは、彼の言葉から推察すると「四国で一番売り上げの高い店」をイメージしていると思われた。しかし、私の場合は売り上げではない。私が言う「世界一」は、ちょっとキザで恥ずかしいが、「世界で一番幸せな会社」である。

売り上げを目標にしてしまうと、運よく一番になれたとしても、あとから追いかけてくる競争相手に恐々としながら走り続けなければならない。それはまったく私の望むところではない。

一方で、「世界一幸せな会社」は、自分がそう思えばその瞬間になれる。そして、明日も明後日も、「一番」になれる。人と比べるのではなく、自分が幸せだと思いさえすれば、そうあり続けることができるのだ。

私がそんな話をすると、「では、経営者のあなたにとって幸せな会社が、社員たちにとっても幸せと言い切れるのですか？」と質問する人がいる。しかし、少なくとも「経営者自身が幸せと思えない会社で働く人が幸せと思えるはずがない」ということはたしかである。

Do what you like. Like what you do.

（好きなことをやりなさい。そして、やっていることを好きになりなさい）

アメリカの友人が教えてくれたこの言葉を、本書のメッセージとして読者に送りたい。

自分の選んだ道を歩き続けることができる幸せに感謝する気持ちが、人生を豊かにしてくれる。

私はそう信じている。

末筆ながら、本書の出版にあたっては山と溪谷社の萩原浩司氏、フリー編集者の谷山宏典氏にご助力いただいた。心より感謝します。

なお、期せずして、本書と同時に「モンベル・ブックス」からも一冊の書籍を出版する運びとなった。そちらの本は、モンベルクラブの季刊会報誌「ＯＵＴＷＡＲＤ」に連載している私のエッセイ「軌跡」に多少筆を加えた文章に、各界の著名人との対談を合わせた内容となっている。ビジネスに関する部分では本書と多少の重複もあるが、登山やカヤックなどの冒険談をふんだんに盛り込み、全ページ4色刷りの充実した一冊に仕上がっている。私の履歴書ともいうべきその本を、本書と合わせて、ご一読いただければ幸いである。

辰野 勇（たつの　いさむ）

1947年大阪府堺市生まれ。少年時代、ハインリッヒ・ハラーのアイガー北壁登攀記『白い蜘蛛』に感銘を受け、以来、山ひと筋の青春時代を過ごす。1969年にはアイガー北壁日本人第2登を果たすなど、名実ともに日本のトップクライマーとなり、1970年には日本初のクライミングスクールを開校。1975年に登山用品メーカー、株式会社モンベルを設立する。このころからカヌーやカヤックにも熱中し、黒部川源流部から河口までをカヤックで初下降するほか、ネパール・トリスリ川、北米グランドキャニオンなど世界中の川に漕跡を残す。著書に『軌跡』（モンベルブックス）など。
京都大学特任教授。株式会社モンベル会長。

モンベル 7つの決断　YS002

2014年11月 5 日　初版第1刷発行
2024年 2 月 1 日　初版第8刷発行

著　者　　辰野　勇
発行人　　川崎深雪
発行所　　株式会社　山と溪谷社
〒101-0051
東京都千代田区神田神保町1丁目105番地
https://www.yamakei.co.jp/

■乱丁・落丁、及び内容に関するお問合せ先
山と溪谷社自動応答サービス　電話03-6744-1900
受付時間／11時～16時（土日、祝日を除く）
メールもご利用ください。
【乱丁・落丁】service@yamakei.co.jp　【内容】info@yamakei.co.jp
■書店・取次様からのご注文先
山と溪谷社受注センター　電話048-458-3455　ファクス048-421-0513
■書店・取次様からのご注文以外のお問合せ先　eigyo@yamakei.co.jp

印刷・製本　図書印刷株式会社

定価はカバーに表示してあります

Printed in Japan ISBN978-4-635-51006-6

山と自然を、より豊かに楽しむ―**ヤマケイ新書**

萩原編集長　危機一髪!
今だから話せる遭難未遂と教訓
萩原浩司

山のABCテーピングで快適!登山&スポーツクライミング
高橋 仁

山のABC Q&A 登山の基本
ワンダーフォーゲル編集部 編

車中泊入門
車中泊を上手に使えば生活いきいき
武内 隆

山登りでつくる感染症に強い体
コロナウイルスへの対処法
齋藤 繁

ソロ登山の知恵
実践者たちの思考と技術
山と溪谷編集部 編

マタギに学ぶ登山技術
山のプロが教える古くて新しい知恵
工藤隆雄

山の観天望気
雲が教えてくれる山の天気
猪熊隆之・海保芽生

ドキュメント 山小屋とコロナ禍
山と溪谷社 編

山を買う
ブームとなっている「山林購入」のすべて
福崎 剛

テント泊登山の基本テクニック
高橋庄太郎

山岳気象遭難の真実
過去と未来を繋いで遭難事故をなくす
大矢康裕・吉野 純(監修)

山小屋クライシス
国立公園の未来に向けて
吉田智彦

失敗から学ぶ登山術
トラブルを防ぐカギは計画と準備にあり
大武 仁

京阪神発 半日徒歩旅行
佐藤徹也

これでいいのか登山道
現状と課題
登山道法研究会

遭難からあなたを守る12の思考
村越 真・宮内佐季子

関東周辺 美味し愛しの下山メシ
西野淑子

ナイトハイクのススメ
夜山に遊び、闇を楽しむ
中野 純

院長が教える
一生登れる体をつくる食事術
齋藤 繁